{ 123 smoothies make you a beauty! }

{ 123 smoothies make you a beauty! }

123，喝了變漂亮！

美人專用・原汁原味蔬果昔

日日可飲，簡單上手・美容養生・自然好喝・營養師特調

營養管理師 / 料理研究專家　鈴木 あすな

作 者 的 話

數年前，我正飽受肌膚粗糙的困擾，就在那個時候，我與果昔相遇了。
那時有人送我調理機，因為這個契機，我開始製作果昔。

果昔能讓我補充容易攝取不足的蔬菜，而且很好喝。
由於製作簡單，所以即使是忙碌的早晨，也能在瞬間就準備好。

果昔富含維生素、礦物質，
而且是直接生飲，所以能充分攝取酵素。

養成每天早上喝果昔的習慣，
令人煩惱、有問題的肌膚，就會徹底變漂亮。
仔細觀察，疲憊、倦怠的感覺，以及感冒的情況也都獲得了改善。
如今，果昔已成為我生活中不可欠缺的飲品，連外出旅行時也不例外。

本書的果昔概念就是「方便飲用」。
喝果昔追求美麗固然不錯，能愉快地持續下去也很重要。

除了使用當季的水果製作水果果昔，
營養價值高、容易與其他食材搭配的蔬菜，也能製作蔬菜果昔，
此外，還有能夠作為點心來喝的果昔、熱果昔等，
這些果昔不但美味，也很注重取材的便利性。

先從一、兩種果昔開始，找出你所喜歡的味道，
一開始請試著持續三個星期。
如此一來，你一定能見到比今天更加活力充沛、嶄新的自己。
藉由每天一杯果昔，由內而外蛻變為一位「美人」吧！

鈴木あすな

Contents

chapter 1 { 美麗果昔／水果
Smoothie for beauty | fruits

chapter 2 { 美麗果昔／蔬菜
Smoothie for beauty | vegetable

....

本書使用提示

● 材料的份量安排，以方便、容易製作為主。
● 蔬菜與水果的份量，儘可能以個、片、根等表示，可省去另外測量的麻煩。至於個體差異很大的蔬菜與水果，則會以 g（公克）表示。個別的標準重量，請參考 P.18 的換算表。
● 計量的單位，1杯是200ml、1大匙是15ml、1小匙是5ml。
● 微波爐的加熱時間以600W的機種為準。機種不同，加熱時間多少會有差異，所以請視情況加熱。
● 本書的熱量、膳食纖維、維生素C、A、E的含量，以《日本食品成分表》五訂增補版為參考依據進行計算。熱量、維生素A與C的數值，小數點以下，以四捨五入方式計算，總重量則是個位數以四捨五入方式計算。維生素A是依RE單位（Retinol Equivalents）計算，維生素E則是依α-生育酚當量（α-tocopherol）計算。尤其是第1、2章，乃參考厚生勞動省《日本人的飲食攝取基準》，設計的食譜中所含的維生素C，接近於人體一日所需攝取的維生素C的1/3。總之，請當作是對美容與健康有幫助的資訊。

果昔的美人打造計劃！

本書的果昔，採用新鮮蔬菜和水果，
以調理機攪打後，不過濾即飲用。
書中會介紹果昔有益健康的原因，以及有助保持美麗的優點。

1 解決蔬菜的攝取不足！

能輕鬆補充容易攝取不足的蔬菜。由於調理機將蔬菜打成細膩的液狀，所以一次就能攝取很大的份量。換言之，就是「喝的沙拉」。生吃很難吃得下去的蔬菜，若是以果昔的形式，就很容易入口。

2 調製方法既簡單又快速

基本的作法，就只是將蔬菜或水果切成一口大小，並以調理機攪打。連不擅長料理的人，也能成功作出美味的果昔。只需5分鐘就能作出來，所以即使沒時間、很忙碌的早晨，也能藉此補充營養。

3 能完全攝取蔬菜和水果的營養素

不耐熱的酵素，建議要生鮮攝取。堪稱是生機飲食的果昔，能有效攝取食物酵素、維生素等，這些營養素一加熱就會受到破壞，所以，可以這麼說，果昔的營養價值，比市面上已經加熱殺菌處理的蔬果汁還要高。

4 食用蔬菜時不必擔心攝取到鹽份、油量

將生鮮蔬菜作成沙拉，一定要淋醬汁吃，所以會同時吃下鹽和油。而果昔的基本材料僅僅是蔬菜、水果和水，所以卡路里低，這也是它的魅力所在。這一點對體重的管理很有幫助。

5 對胃很溫和

由於是以調理機打碎，一些本來必須依靠咀嚼才能吸收的營養素，會因而變得容易吸收。由於不太會對消化造成負擔，所以建議可在早上剛起床、胃腸狀況還沒很好時飲用。

6 可期待的排毒效果

和果汁不一樣，以調理機攪打且不過濾的果昔，能充分攝取膳食纖維。由於能夠調整腸道環境，不但容易排出代謝廢物、改善排便狀況，也有助於緩解肌膚問題。

7 以容易取得、少樣的食材製作

為了能夠隨時輕易製作，食譜皆使用容易取得的食材。食譜中建議的蔬果都不複雜，簡單幾樣就能搭配出美味的果昔，所以不會有「沒備齊各種材料就無法製作」的情形。讀者也可依自己的喜好，適時來點變化。

8 小孩、男性、老年人也很適合飲用

芹菜、小松菜等很多小孩不喜歡的蔬菜，只要搭配其他食材，就會變得容易入口。以果昔作為飲料，可代替零食、宴會的餐前酒等。請和家人、朋友一起愉快地享受美味果昔吧！

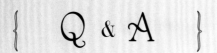

{ Q & A }

果昔最大的優點就是新鮮。作好了就馬上喝掉,這一點非常重要!
以下是一些常見的果昔生活重要提示。

Q 為了減肥,可以一天三餐都喝果昔代替正餐嗎?

A 為了維持健康,基本上還是要多靠咀嚼進食。一般而言,果昔是為了補
充飲食中不足的營養。某天若吃太多,隔天早上也可以果昔取代早餐,
作為調整。
此外,不要大口地喝,而是慢慢地飲用,這樣會比較容易獲得飽足感。

Q 作好的果昔能保存多久?

A 基本上,果昔一作好就要馬上飲用。
蔬菜和水果所含的營養素,一接觸到空氣就會氧化,營養價值也會下
降,顏色變得暗沉。
溫度一升高就會導致各種細菌繁殖,所以不要在常溫下攜帶外出。夏天
時尤其要特別注意。

Q 一天可以喝幾杯呢?

A 一天以1至3杯為原則。
喝太多和吃太多一樣,並不是好事。喝一杯就能夠有助於消化,建議在
早上喝,可以強化一天的活力。
空腹時,果昔則可以作為點心飲用。此外,果昔對腸胃沒什麼負擔,適
合在攝取太多肉類,或食用過量油炸料理後,內臟疲倦時飲用。請配合
身體的狀況攝取吧!

Q 有點拉肚子時，也可以飲用果昔嗎？

A 拉肚子時應該避免喝纖維多的東西唷！製作果昔時，請選擇具整腸作用的蘋果、香蕉、胡蘿蔔等食材。也建議喝能使身體溫暖、溫熱的果昔。

Q 喝果昔是否會使得身體過於寒涼呢？

A 藉由攝取新鮮的蔬菜和水果，能促進代謝酵素的運作以及血液循環。只不過，沒必要攝取過量的蔬菜和水果，而使身體寒涼。在意身體寒涼的人，可等蔬菜和水果回升到常溫後，再製作成果昔飲用。

Q 可以使用現成切好的蔬菜或水果嗎？

A 使用現成切好的蔬果是OK的唷！但建議使用未加工的蔬菜。
切好的蔬菜，若為了殺菌而多次清洗，會使營養素流失。所以，還是建議選用新鮮、當令的蔬菜、水果，不但營養價值高，也能製作出美味的果昔。

Q 以調理機製作果昔，需要攪打到什麼程度呢？

A 調理機的種類、材質不同，所以攪打的時間也會不一樣。當蔬果整體混合打到呈液狀時，先暫停攪打，並試喝一下。若食材還殘留塊狀，就繼續攪打。
只不過，若長時間地攪打，食材的營養素可能會遭到破壞，所以最好使用具一定程度馬力的調理機，短時間地攪打。

基本道具

製作果昔，只要將切成一口大小的水果和蔬菜，放入調理機裡攪打，就一切OK！除了調理機，並不需要特別的道具，但如果有一些輔助器具，將會更方便。

1 調理機

如果希望作出口感好、味道佳的果昔，建議選擇一台馬力足以打碎冰塊的調理機。

2 量杯

測量水、牛奶等的份量。透明的杯子容易看清刻度，所以很方便。

3 量匙

雖然可以目測製作，但直到上手之前，還是依照食譜的份量調製吧！日後再依自己的喜好，增加或減少份量。

4 橡皮刮刀

將果昔從調理機中倒到玻璃杯時使用。建議使用柄長、搆得到調理機底部的刮刀。

5 小刀

備料時使用，以之處理水果和蔬菜。也可使用一般刀子，但要與切魚肉用的刀子分開，確保衛生。

6 夾鍊袋、密封袋

分裝切好的食材，既能防止食材接觸空氣而劣化，也方便冷凍保存。

7 製冰盒

可將剩下的水果及當令採購用剩的食材，打成泥狀、作成冰塊。

食材的事前處理

蔬菜以及連皮吃的水果，要充分洗淨後才能使用。

不同的食材有不同的準備注意事項，請事先瞭解並掌握這些備料訣竅。

蔬菜類
Vegetable

徹底清洗根部

葉菜類的根部容易積存泥土、髒污。將泥土徹底清洗乾淨，就能連根一起食用。

切割食材

將食材切成一口大小。蔬果的皮富含營養素和膳食纖維，因此可以連皮食用，以提升營養價值，但這還是要依個人的喜好而定。

薯類和南瓜要加熱

先切成一口大小，平鋪在盤子上，覆蓋保鮮膜後，以微波爐加熱。加熱變軟後，再放入調理機裡一起攪打。

水果類
Fruits

果核較大的酪梨和芒果，這樣處理！

酪梨

刀子在酪梨上縱向繞一圈，對半劃開，手順著切痕將酪梨捏抓開來，即可將之一分為二。接著再將刀刃尾端刺入果核裡，轉動刀子以取出果核。

芒果

避開中間的果核，縱向切下果核兩側的果肉。刀子在切下的果肉上劃出格子狀，以湯匙剝離果皮，取出果肉。

冷凍

處理
&
保存

剩下的食材或是產季較短的水果，冷凍保存是很方便的方法。
切成一口大小，裝入密封袋後壓除空氣，或是打成泥狀放入製冰盒裡，冷凍保存。

葉菜類

切成一段一段後，裝入密封袋裡。由於蔬菜接觸到空氣會氧化、變乾，而使味道變差，因此裝入密封袋後，要薄薄地攤平，將袋子捲起來壓除空氣，然後將開口封好。
→P.55……

▶ ▶ ▶

根莖瓜果類蔬菜

切成1至2cm厚的薄片，並以微波爐加熱3分鐘左右，放涼後冷凍。若切成大塊，需要花較多時間才能完全冷凍，味道和口感會變差，所以重點就是切成小薄片。裝入密封袋並充分排除空氣後，冷凍保存。
→ P.101．P.102．P.103

▶ ▶ ▶

水果（包含像番茄這一類的蔬菜果實）

草莓容易受傷，所以使用後有剩時，建議要冷凍保存。番茄去籽、隨意切成塊狀。蘋果、香蕉則切成一口大小，為防變色，可事先淋一些檸檬汁。柳橙等柑橘類則不適合冷凍保存。
→ P.86．P.123

▶ ▶ ▶

液狀、
糊狀物，
就用製冰盒

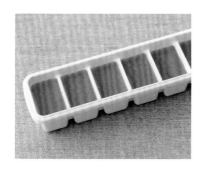

市售的蔬果汁

事先將市售的蔬果汁冷凍起
來，只要另外搭配一種食
材，就能輕鬆作出美味的果
昔。蔬果汁請選擇添加物少
的產品。

→ P.122・P.123

freezing!

▶ ▶ ▶

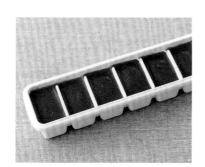

當季的水果

季節性食材的魅力，就在於
營養價值高，且能便宜購
得。以調理機打成泥狀後，
裝入製冰盒冷凍。如果事先
將檸檬、柚子、萊姆等果汁
冷凍起來，想少量使用時就
很方便。

→ P.123

freezing!

▶ ▶ ▶

洋蔥冰

洋蔥3個（約1個製冰盒的份
量），去皮，每個皆切成4等
分，以保鮮膜包裹，放入微
波爐裡加熱15分鐘。連汁一
起放入調理機裡，攪打成泥
狀，最後放入製冰盒裡冷凍
起來。

→ P.105

freezing!

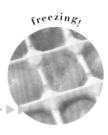

▶ ▶ ▶

果昔的作法

1

切

蔬菜和水果切成一口大小，方便攪打。
基本上要去蒂、去核、去籽。葉菜類也
可以徒手撕開。

※冷藏的食材要回溫後再切。

2

放

先放入水分多的食材，如柑橘類等，這
樣調理機一開始攪打時，較不容易空
轉。輕的葉菜類會浮起來，不容易攪
打，所以可先放入，然後再放硬的、具
重量的食材，如蘋果等來壓住葉菜。

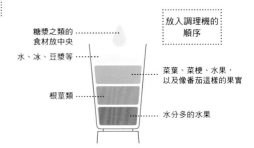

糖漿之類的 ············ 食材放中央

水、冰、豆漿等 ············

根莖類 ············

放入調理機的順序

············ 菜葉、菜梗、水果，以及像番茄這樣的果實

············ 水分多的水果

蔬菜和連皮吃的水果，先充分洗淨。
判斷是否要連皮和籽都一起攪打時，
請考量所使用的調理機馬力，以及放入的食材，並依個人喜好適當調整。

攪打

蓋上蓋子，按下開關。將食材攪打到細
膩滑順為止。

4

倒

不用過濾，就這樣倒入玻璃杯裡。

完成嘍！

原汁原味的果昔創意巧思

一杯果昔的味道，主要由甜、苦、酸組合而成。這三種味覺的比例，會決定一杯果昔的基本味道。請先以水果搭配蔬菜的組合，嘗試掌握果昔中各種味覺的比例。對於喜歡甜味的人，以及討厭酸味的小孩來說，可先試試本書所介紹、搭配的食材。不論是想增加營養和濃度，還是想增添香氣和風味，都能夠輕鬆調整。請依個人喜好，動手製作果昔吧！

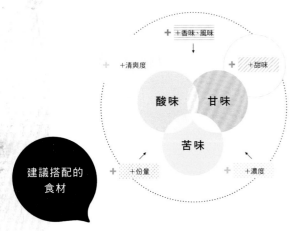

建議搭配的食材

+ ＋香味、風味
+ ＋清爽度
+ ＋甜味
+ ＋份量
+ ＋濃度

酸味　甘味　苦味

{ 小圖示的閱讀方法 }

書中有些食譜，
會以小圖示介紹建議搭配的食材。

添加後更美味

+ 蜂蜜

若加入材料中製作，會提升風味、營養，並增加果昔份量，且變得易於入口。

換成這個也OK

覆盆子換成 → 草莓

依季節變換，將食材改換成容易買得到的當季蔬果。這種小圖示意指改變食材也沒關係。

+ 想要增加甜味

P.31
P.35

蜂蜜

不會對腸胃造成負擔，且有助於能量的轉換，幫助紓解疲勞。富含維生素、礦物質。

P.97

楓糖漿

富含礦物質，能抑制飯後血糖值的上升，降低脂肪的屯積率。

P.47
P.49

甘酒

以米麴製作而成，有自然的甘甜味。由於不含酒精，營養價值又高，小孩也能喝。

P.55
P.60

李子乾

富含膳食纖維、維生素、礦物質等，營養豐富。果乾通常有點軟，又具黏性，所以切碎後再攪打。

+ 希望口感清爽

P.75

蘋果醋

蘋果醋裡含有膳食纖維「果膠」，具整腸作用。醋酸可促進食欲、幫助消化與吸收。

P.43
P.48

優格

藉由乳酸菌作用，可使排便順暢，提高免疫力。請選擇無糖的純優格。

P.24
P.31

碳酸水

具清涼感，碳酸氣泡會在胃裡發脹，所以與水相比，更易獲得到飽足感。請使用無糖的碳酸水。

P.29
P.119

檸檬汁

檸檬酸的酸味具有紓解疲勞的效果，也具有防止蔬菜和水果氧化的作用。

在蔬菜與水果的組合中，可添加下列介紹的食材。不論是想增加甜味、濃度，或是想提升營養價值，這些食材都是不錯的參考。請依個人喜好，愉快地製作果昔吧！

想要增加濃度

腰果　P.109

含有優質的脂類，有助於打造美肌。攪打出濃稠度，味道會變濃郁。請選擇無鹽、無添加物者。

椰子油　P.23 P.67

富含中鏈脂肪酸，因此有助脂肪的燃燒，還能降低膽固醇。帶有甘甜的香氣。

黑芝麻　P.102

含有芝麻素，具有特殊的抗氧化作用，富含維生素E。香味強烈，很適合搭配甜味食材。

黃豆粉　P.102

不但含有大豆異黃酮、維生素B群，還有豆漿所沒有的膳食纖維。能作出和風香味的果昔。

想要增加份量

牛奶　P.29 P.56

富含優質的鈣，非常適合鈣質的補充。有助於鎮靜焦躁的情緒。

豆漿　P.55 P.105

富含大豆異黃酮，其作用近似於女性荷爾蒙，是女性必要的營養成分。

想要增添香味和風味

薄荷　P.25 P.110

薄荷酮有清爽的香味，具提神作用，且能幫助消化。

羅勒　P.78

略帶苦味、清香味，具放鬆效果，並有助於提升專注力。

肉桂　P.107

有獨特的甘甜香，香氣中融合著辛辣感，很適合搭配水果。有助於溫暖身體。

黑胡椒　P.101

帶有刺激性的辛辣成分，香氣亦具刺激性。具除臭效果，亦有助於溫暖身體。

可可粉　P.113

具醇厚的風味，有巧克力般的溫潤味道。富含多酚（polyphenol）和膳食纖維。

抹茶　P.113

溫潤的濃稠感與爽口的苦味，能凸顯出果昔的風味。含具抗氧化力的兒茶素，有助於打造美肌。

本書使用的食材標準重量&食譜索引

蔬菜、水果的大小和重量，會有個別的差異。
本書的食譜份量，參照的標準如下所列。

※食譜中，標示出果昔主要材料的份量，至於彈性使用的食材（P.16、P.17），則未明示份量。

水果

酪梨　1個＝160g
47, 48, 49, 56, 88

巴西莓（冷凍）
62, 95

草莓　1顆＝12.5g／8顆＝100g
24, 29, 34, 35, 36, 37, 40, 48,
61, 63, 69, 85, 86, 91, 95, 96,
122, 123

柳橙　1個＝150g
22, 23, 24, 25, 37, 55, 60, 63,
67, 68, 72, 74, 80, 85, 93, 119, 127

奇異果　1個＝80g
31, 43, 48, 68, 73, 75, 116, 123

葡萄柚　1個＝240g
29, 30, 31, 41, 49, 63, 66, 69,
74, 81, 86, 93, 94, 116, 117, 118

鳳梨　1個＝500g
25, 40, 41, 42, 43, 47, 48, 55,
62, 63, 66, 72, 73, 75, 80, 87,
94, 121, 127

香蕉　1根＝80g
35, 37, 47, 56, 57, 60, 61, 62,
67, 75, 95, 97, 110, 122, 126

藍莓　1大匙＝20g
37, 95

李子乾　1顆＝10g
36

芒果　1個＝200g
23, 30, 37, 42, 49, 57, 67, 73, 96

蜜柑　1個＝70g
24, 34, 56, 87, 97

桃子*　1個＝200g
31, 56, 91, 96, 97, 110, 118, 124

柚子　1個＝100g
119

萊姆　1個＝80g
117

覆盆子　1杯＝約100g
37, 42, 47, 57, 69, 80, 87

蘋果　1個＝240g
22, 29, 43, 47, 49, 50, 55, 56, 62,
67, 73, 75, 80, 81, 86, 87, 92, 107,
108, 118, 121, 124, 125, 126, 127

檸檬　1個＝80g
25, 40, 48, 108

※產季短的桃子，可依食譜使用新鮮的或
罐頭的；新鮮桃子的營養價值較優，但
不論何者都能作出美味的果昔。

蔬菜

紫蘇　1片＝0.5g
79, 114

南瓜
103

高麗菜　1片＝50g
124, 125

小黃瓜　1根＝90g
78

小松菜　1片＝5g
55, 56, 57

地瓜　2cm＝50g
102, 104

沙拉菠菜　1株＝40g
60, 61, 62, 63

萵苣　1片＝3g
78

馬鈴薯　1個＝120g
101

生薑　1/2大匙＝5g（切碎末）
108

芹菜　5cm＝30g
74, 75, 79, 81, 84

洋蔥　1個＝200g
50, 105, 114

青江菜　1片＝15g
72, 73

玉米
101, 104

番茄　1個＝120g（中型）
78, 79, 80, 81, 84, 114, 121, 122

胡蘿蔔　1根＝150g
50, 121, 122, 126, 127

彩椒　1個＝160g
84, 85, 86, 87

貝比生菜　1又1/2杯＝10g
66, 67

蘑菇　1個＝10g
105

京都水菜　1株＝40g
68, 69

小番茄　1個＝10g
80

薄荷　1大匙＝2g
30, 41, 63, 111, 116, 117

其他

甘酒　1大匙＝20g
92, 107, 108, 109

腰果　1/4杯＝50g
88, 112

黃豆粉　1大匙＝7g
88, 97, 107, 113

牛奶
36, 91, 96, 97, 105, 111, 123, 125

黑芝麻　1小匙＝3g
88, 97, 107

可可粉　1大匙＝6g
88, 109, 110, 111, 112

椰子油　1大匙＝12g
57, 88, 98

肉桂
112

碳酸水
41, 116, 117, 118, 119

豆漿　200ml＝210g
36, 47, 60, 88, 95, 97, 101, 102,
103, 104, 107, 109, 110, 111,
113, 123

蜂蜜　1大匙＝20g
25, 47, 50, 88, 95, 96, 98, 107,
108, 109, 111, 119, 123, 125

抹茶　1小匙＝2g
109, 111

楓糖漿　1大匙＝20g
88, 98, 110, 111, 112, 113

蘋果醋　1大匙＝15g
118

優格　1/4杯＝50g
91, 123, 125

chapter

. . . .

1

美麗果昔

{ 水果 }

本章介紹的果昔，由多種水果組合，
富含維生素，且易於入口。食譜很簡
單，基本的幾樣水果即可製作。對消
化不會造成負擔，而即使是果昔初學
者、討厭蔬菜的小孩，也都能咕嚕咕
嚕暢飲，滿口的好滋味！

01

柳橙

Asuna's advice!

柳橙的香味、酸味、甜味比例均衡，屬於柑橘類。剝開表皮的瞬間，檸檬烯（limonene）香味撲鼻，具有放鬆效果。榨成果汁，富含維生素C，可強化皮膚、黏膜，預防感冒。內層的網狀白膜（橘絡）則含有維生素P，除了能提高維生素C的吸收之外，也有助於強化微血管、降血壓。

How to select

挑選柳橙時，注意果皮應具光澤和彈性，拿在手上時覺得很結實，且具重量感。一整年都買得到。

成分（每100g）

卡路里	39kcal
膳食纖維	0.8g
維生素C	40mg
維生素A	10µg
維生素E	0.3mg

可以這樣搭配

紓解疲勞
柳橙 ╬ 蘋果
P.22

打造美肌
柳橙 ╬ 芒果
P.23

打造美肌
柳橙 ╬ 草莓
P.24

抗老化
柳橙 ╬ 蜜柑
P.24

預防生活習慣病
柳橙 ╬ 鳳梨
P.25

紓解疲勞
柳橙 ╬ 檸檬 ╬ 蜂蜜
P.25

柳橙 ╬ 蘋果

由於是容易取得的食材，所以一整年任何時候都能愉快享用。
也可自行添加綠色蔬菜，調製出美味的組合。

■ 材料（完成份量410g）

1 柳橙 … 1個
　去皮、留下內層的白膜，切成一口大小
2 蘋果 … 1/2個
　去籽、去核，切成一口大小
3 水 … 50ml

■ 作法

將柳橙、蘋果放入調理機中，加水，蓋上蓋子
後攪打。

換成這個也OK
蘋果換成
➡
梨子

卡路里 123kcal

膳食纖維	3.2g
維生素C	65mg
維生素A	17μg
維生素E	0.7mg

美人
POINT

紓解疲勞，推薦這個！

柳橙所含的檸檬酸、蘋果所含的
蘋果酸，都具有消除疲勞的作
用。而水果清新的香氣，則有助
於提振精神。

柳橙  芒果

這款熱帶風味的芒果果昔，是任何人都能接受的水果組合。
使用冷凍的芒果，則可作成冰沙。

添加後更美味
+○
椰子油

卡路里	123 kcal
膳食纖維	2.7g
維生素C	80mg
維生素A	66μg
維生素E	2.3mg

■ 材料（完成份量250g）

1 柳橙 … 1個
　去皮、留下內層的白膜，切成一口大小

2 芒果 … 1/2個
　將果肉劃切成一口大小，去皮

■ 作法

將柳橙、芒果放入調理機中，蓋上蓋子後
攪打。

美人
POINT

打造美肌，推薦這個！

完全熟成的芒果富含胡蘿蔔素，
能抑制活性氧。搭配維生素C，
有助於美肌與抗老化。

卡路里 93kcal

膳食纖維	2.8g
維生素C	122mg
維生素A	16μg
維生素E	0.9mg

美人
POINT

有助於預防黑斑、雀斑

柳橙和草莓富含維生素C,不但有助於預防黑斑、雀斑,還能促進膠原蛋白的生成,維持肌膚緊實度。

柳橙 ✛ 草莓

這款果昔甜甜酸酸的,且口感輕爽。
多放點草莓也沒關係。

■ 材料(完成份量300g)

1 柳橙 … 1個
 去皮、留下內層的白膜,切成一口大小
2 草莓 … 8顆
 去除蒂頭
3 水 … 50ml

■ 作法

將柳橙、草莓放入調理機中,蓋上蓋子後攪打。

卡路里 91kcal

膳食纖維	2.1g
維生素C	82mg
維生素A	74μg
維生素E	0.7mg

美人
POINT

抗老化,推薦這個!

柳橙與蜜柑所含的維生素P,除了有助抗氧化之外,亦可協助維生素C的吸收。

柳橙 ✛ 蜜柑

以兩種柑橘類,
攪打出味道香濃的柳橙果昔。
也可使用罐頭包裝的蜜柑。

添加後更美味

+

碳酸水

■ 材料(完成份量220g)

1 柳橙 … 1個
 去皮、留下內層的白膜,切成一口大小
2 蜜柑 … 1個
 去皮,切成4等分

■ 作法

將柳橙、蜜柑放入調理機中,
蓋上蓋子後攪打。

卡路里 85kcal

膳食纖維	2.2g
維生素C	74mg
維生素A	17μg
維生素E	0.5mg

美人
POINT

預防生活習慣病，推薦這個！

柳橙所含的玉米黃質（cryptoxanthin）有助於抑制活性氧在體內的作用，幫助預防生活習慣病。

柳橙 ╬ 鳳梨

甜味與酸味超級搭配！
能促進食欲，
亦能提升活力。

添加後更美味

＋

薄荷

■ 材料（完成份量200g）

1 柳橙 … 1個
　 去皮、留下內層的白膜，切成一口大小
2 鳳梨 … 1/10個（50g）
　 去皮、去芯，切成一口大小

■ 作法

將柳橙、鳳梨放入調理機中，
蓋上蓋子後攪打。

卡路里 111kcal

膳食纖維	3.4g
維生素C	100mg
維生素A	16μg
維生素E	1.1mg

美人
POINT

有助紓解運動疲勞

柳橙和檸檬都富含檸檬酸，有助於紓解疲勞。搭配蜂蜜，更能發揮效果。

柳橙 ╬ 檸檬
╬ 蜂蜜

以柳橙和蜂蜜的「甜」作為味覺基礎，
再加上檸檬的「酸」，味道就會變得清新。

■ 材料（完成份量200g）

1 柳橙 … 1個
　 去皮、留下內層的白膜，切成一口大小
2 檸檬 … 1/2個
　 去皮、留下內層的白膜，切成一口大小
3 蜂蜜 … 1小匙

■ 作法

將柳橙、檸檬放入調理機中，加入蜂蜜，
蓋上蓋子後攪打。

02

葡萄柚

Asuna's advice!

與其他的柑橘類一樣，葡萄柚含有很多的維生素C，吃一個葡萄柚所攝取的維生素C，就相當於一天所需。獨特的苦味成分「柚苷（Naringin）」能夠幫助脂肪分解。由於葡萄柚糖度低，所以是減肥時最推薦的水果。紅肉的紅寶石品種，含有茄紅素（lycopene），具抗氧化作用，亦富含胡蘿蔔素，所以營養上優於白肉品種。

How to select

選擇形狀渾圓、表皮漂亮、無凹陷者。日本的葡萄柚絕大部分都是進口的，依季節變化，產地會不一樣，但一整年都買得到。

成分（每100g）

卡路里	38kcal
膳食纖維	0.6g
維生素C	36mg
維生素A	34μg
維生素E	0.3mg

可 以 這 樣 搭 配

抗老化
葡萄柚
＋ 蘋果
P.29

宿醉
葡萄柚
＋ 草莓
P.29

減肥
葡萄柚
＋ 薄荷
P.30

打造美肌
葡萄柚
＋ 芒果
P.30

打造美肌
葡萄柚
＋ 桃子
P.31

減肥
葡萄柚
＋ 黃金奇異果
P.31

葡萄柚＋蘋果

葡萄柚＋草莓

葡萄柚 ╬ 蘋果

這一款果昔人氣超高！
蘋果若連皮食用，不論是營養價值或視覺效果都相當卓越！

■ 材料（完成份量410g）

1　紅肉葡萄柚 … 1個
　　去皮、留下內層的白膜，去籽後切成一口
　　大小
2　蘋果 … 1/2個
　　去籽、去核，切成一口大小
3　水 … 50ml

■ 作法

將葡萄柚、蘋果放入調理機中，加水，蓋上蓋
子後攪打。

添加後更美味
╋
檸檬汁

卡路里	156 kcal
膳食纖維	3.2g
維生素C	91mg
維生素A	84μg
維生素E	1.0mg

美人
POINT

抗老化，推薦這個！
葡萄柚的苦味成分「柚苷」具有強
烈的抗氧化作用。由於蘋果所含
的「多酚」也具有抗氧化作用，所
以可以期待它們帶來的「雙重」效
果。

葡萄柚 ╬ 草莓

可愛的火鶴色果昔，香味也很特別！
喝下這一杯，一天所需的維生素C一次滿足！

■ 材料（完成份量310g）

1　紅肉葡萄柚 … 1個
　　去皮、留下內層的白膜，
　　去籽後切成一口大小
2　草莓 … 5顆
　　去蒂頭

■ 作法

將葡萄柚、草莓放入調理機中，
蓋上蓋子後攪打。

添加後更美味
╋
牛奶

卡路里	115 kcal
膳食纖維	2.4g
維生素C	129mg
維生素A	83μg
維生素E	1.0mg

美人
POINT

宿醉時，推薦這個！
葡萄柚和草莓中所含的維生素C
可促進乙醛（acetaldehyde）的
分解，乙醛正是造成宿醉症狀
的原因。

葡萄柚 ✛ 薄荷

這款果昔口感清新、爽快，很適合早晨起床後飲用，可保有清爽的感覺。也很適合飯後飲用。

■ 材料（完成份量240g）

1 紅肉葡萄柚 … 1個
　去皮、留下內層的白膜，去籽後切成一口大小
2 薄荷 … 1大匙（2g）

■ 作法

將葡萄柚、薄荷放入調理機中，蓋上蓋子後攪打。盛裝時，最上面擺放幾片裝飾用的薄荷葉（份量外）。

葡萄柚 ✛ 芒果

這款果昔在清爽的酸味中，
同時帶有熱帶風味，這樣的組合與搭配，
飲用時會令人覺得相當愉快。

■ 材料（完成份量340g）

1 紅肉葡萄柚 … 1個
　去皮、留下內層的白膜，去籽後切成一口大小
2 芒果 … 1/2個
　將果肉劃切成一口大小，去皮

■ 作法

將葡萄柚、芒果放入調理機中，蓋上蓋子後攪打。

卡路里 111 kcal

膳食纖維	2.1g
維生素C	90mg
維生素A	82μg
維生素E	1.1mg

美人 POINT

打造美肌，推薦這個！

桃子含抗氧化力高的「兒茶素」，葡萄柚富含「維生素C」，兩者搭配飲用，可提升預防肌膚老化的效果。

卡路里 134 kcal

膳食纖維	3.4g
維生素C	142mg
維生素A	87μg
維生素E	1.8mg

美人 POINT

減肥時，推薦這個！

葡萄柚的苦味成分「柚苷」具有抑制食欲的效果，和奇異果搭配，就能平息莫名想吃東西的欲望。

葡萄柚 ➕ 桃子

喝起來有清涼感，
同時還帶有桃子泥
溫潤滑順的口感。

添加後更美味

➕

碳酸水

■ **材料**（完成份量290g）

1 紅肉葡萄柚 … 1個
  去皮、留下內層的白膜，
  去籽後切成一口大小
2 桃子 … 1/4個
  去皮，切成一口大小

■ **作法**

將葡萄柚、桃子放入調理機中，蓋上蓋子後攪打。

葡萄柚 ➕ 黃金奇異果

這款果昔的魅力就是味道清新，
需要克制一下食欲時，
立即來一杯吧！

添加後更美味

➕

蜂蜜

■ **材料**（完成份量320g）

1 紅肉葡萄柚 … 1個
  去皮、留下內層的白膜，去籽後切成一口大小
2 黃金奇異果 … 1個
  去皮，切成一口大小

■ **作法**

將葡萄柚、黃金奇異果放入調理機中，蓋上蓋子後攪打。

03
草莓

Asuna's advice!

甜甜酸酸、魅力十足的草莓，是維生素C含量極多的水果。具抗氧化作用的維生素C，可預防皮膚粗糙、雀斑、黑斑，打造健康肌膚，且能提高免疫力、預防感冒。草莓的紅色素成分「花青素」（anthocyanin）具有抗氧化作用，有助於預防貧血。除此之外，草莓也富含有助於造血的維生素與葉酸。

How to select

選擇色澤漂亮、蒂頭青綠，且果實飽滿的草莓。由於無法久放，所以吃不完時，要充分去除水分，摘掉蒂頭後冷凍保存。

成分（每100g）

卡路里	34kcal
膳食纖維	1.4g
維生素C	62mg
維生素A	1μg
維生素E	0.4mg

可 以 這 樣 搭 配

預防感冒
草莓 ╋ 蜜柑
P.34

打造美肌
草莓 ╋ 香蕉
P.35

減肥
草莓 ╋ 甘酒
╋ 豆漿
P.36

預防貧血
草莓 ╋ 李子乾
╋ 牛奶
P.36

紓解疲勞
草莓 ╋ 香蕉
╋ 藍莓 ╋ 覆盆子
P.37

紓解壓力
草莓 ╋ 柳橙
╋ 芒果
P.37

草莓 ✛ 蜜柑

元氣十足的橘色果昔，富含維生素，
覺得快感冒時可以飲用，會很有幫助。

添加後更美味
＋
香蕉

■ **材料**（完成份量290g）

1 草莓 … 8顆
　去除蒂頭
2 蜜柑 … 2個
　去皮，分成4等分
3 水 … 50ml

■ **作法**

將草莓、蜜柑放入調理機中，
加水，蓋上蓋子後攪打。

卡路里	98 kcal
膳食纖維	2.8g
維生素C	107mg
維生素A	119μg
維生素E	1.0mg

美人
POINT

預防感冒，推薦這個！

蜜柑富含玉米黃質，極具抗氧化
力，草莓則富含維生素C，兩者
相乘，效果加倍，有助於提高免
疫力、預防感冒。

草莓 ✛ 香蕉

添加後更美味

蜂蜜

這款果昔帶著櫻花色澤,看起來相當可愛,
喝起來的感覺很濃稠。若慢慢飲用,能夠大幅增加飽足感。

■ **材 料**（完成份量190ｇ）

1 草莓 … 8顆
　 去除蒂頭

2 香蕉 … 1/2根
　 去皮,切成一口大小

3 水 … 50ml

■ **作法**

將草莓、香蕉放入調理機中,
加水,蓋上蓋子後攪打。

卡路里	68 kcal
膳食纖維	1.8g
維生素C	68mg
維生素A	3μg
維生素E	0.6mg

美人
POINT

打造美肌,推薦這個!

香蕉的「抗氧化力」會在完全成
熟時達到巔峰,因此,請使用表
皮出現褐色斑點的香蕉(Sugar
Spot)。

卡路里 143kcal

膳食纖維	1.9g
維生素C	62mg
維生素A	1μg
維生素E	3.9mg

美人
POINT

減肥時,推薦這個!

甘酒是營養滿分的發酵食品。由於富含維
生素B群,有助促進脂質代謝,所以適合
在減肥時作為營養補給。

草莓 ✛ 甘酒
✛ 豆漿

若是使用米麴製作的甘酒,
不但無酒精,且營養滿分!

■ **材料**（完成份量270g）

1 草莓 ⋯ 8顆
　去除蒂頭
2 甘酒 ⋯ 1大匙
3 豆漿 ⋯ 150ml

■ **作法**

將草莓、甘酒放入調理機中,
加入豆漿,蓋上蓋子後攪打。

添加後更美味

＋
香蕉

卡路里 174kcal

膳食纖維	3.5g
維生素C	63mg
維生素A	73μg
維生素E	1.0mg

美人
POINT

預防貧血,推薦這個!

乾燥的水果李子乾,除了鐵質之外,也富
含礦物質,和草莓的維生素C一起攝取,
能夠提高營養吸收率。

草莓 ✛ 李子乾
✛ 牛奶

甜甜酸酸好滋味!
這樣的組合,是女性會很喜歡的搭配。

■ **材料**（完成份量280g）

1 草莓 ⋯ 8顆
　去除蒂頭
2 李子乾 ⋯ 3顆
　切碎
3 牛奶 ⋯ 100ml
4 水 ⋯ 50ml

■ **作法**

將草莓、李子乾放入調理機中,
加入牛奶、水,蓋上蓋子後攪打。

添加後更美味

＋
覆盆子

草莓 ⊕ 香蕉 ⊕ 藍莓 ⊕ 覆盆子

這款果昔包含了三種莓果的酸味，
汁多味美。富含多酚，有助紓解眼睛疲勞。

■ **材料**（完成份量300g）

添加後更美味

➕ 巴西莓

1　草莓 … 8顆
　　去除蒂頭
2　香蕉 … 1/2根
　　去皮，切成一口大小
3　藍莓 … 30g
4　覆盆子 … 30g
5　水 … 50ml

■ **作法**

將草莓、香蕉、藍莓、覆盆子放入調理機中，
加水，蓋上蓋子後攪打。

卡路里 95 kcal

膳食纖維	4.2g
維生素C	78mg
維生素A	6μg
維生素E	1.3mg

美人
POINT

紓解疲勞，推薦這個！
草莓所含的檸檬酸有助於分解疲勞物質
「乳酸」。

草莓 ⊕ 柳橙 ⊕ 芒果

草莓加柳橙，又甜又酸，
加上香濃的芒果，十分搭調！

■ **材料**（完成份量350g）

1　草莓 … 8顆
　　去除蒂頭
2　柳橙 … 1個
　　去皮、留下內層的白膜，切成一口大小
3　芒果 … 1/4個
　　將果肉劃切成一口大小，去皮
4　水 … 50ml

■ **作法**

將草莓、柳橙、芒果放入調理機中，
加水，蓋上蓋子後攪打。

卡路里 125 kcal

膳食纖維	34g
維生素C	132mg
維生素A	42μg
維生素E	1.8mg

美人
POINT

紓解壓力，推薦這個！
壓力大時，身體容易流失維生素C，這
款果昔能夠充分補給流失的維生素C。
維生素C無法積存在身體裡，平常可以
藉由果昔攝取。

04
鳳梨

Asuna's advice!

鳳梨香氣濃郁，果汁含量很多，且甜味與酸味的比例均衡。富含檸檬酸，有助於紓解疲勞；鉀含量相當高，可預防浮腫。此外，鳳梨中「鳳梨蛋白酶」（bromelin）的含量也相當豐富，有助於分解蛋白質酵素，能夠幫助消化與吸收，也能防止胃下垂。富含膳食纖維，因此有助於解決便祕的困擾。

How to select

請選擇整體外形飽滿、下半部渾圓的鳳梨，並確認具有甘甜香味、拿在手上有沉甸甸的感覺、葉子顏色呈現深綠色等。

成分（每100g）

卡路里	51kcal
膳食纖維	1.5g
維生素C	27mg
維生素A	3μg

可以這樣搭配

打造美肌
鳳梨
╬ 草莓 ╬ 檸檬
P.40

提振精神
鳳梨
╬ 葡萄柚 ╬ 薄荷
P.41

抗老化
鳳梨 ╬ 芒果
P.42

減肥
鳳梨 ╬ 覆盆子
P.42

紓解疲勞
鳳梨 ╬ 奇異果
P.43

改善便祕
鳳梨 ╬ 蘋果
P.43

鳳梨 ✛ 草莓 ✛ 檸檬

這是我家的「乾杯果昔」，顏色相當可愛。
味道深受女孩喜歡，且有助消化。

添加後更美味

＋ 碳酸水

■ **材料**（完成份量220ｇ）

1 鳳梨 … 1/5個（100g）
　去皮、去芯，切成一口大小

2 草莓 … 4顆
　去除蒂頭

3 檸檬 … 1/4個
　去皮、留下內層的白膜，切成一口大小

4 水 … 50ml

■ **作法**

將鳳梨、草莓、檸檬放入調理機中，
加水，蓋上蓋子後攪打。

卡路里	79 kcal
膳食纖維	3.3g
維生素C	78mg
維生素A	4μg
維生素E	0.5mg

美人
POINT

打造美肌，推薦這個！

鳳梨和檸檬所含的檸檬酸可促進
血液循環，並有助於礦物質的吸
收，能打造出具光澤的雪白肌
膚。

鳳梨 ✛ 葡萄柚 ✛ 薄荷

這款果昔具有清涼感。
其中的薄荷味道，能夠使心情變得舒爽。

■ **材料**（完成份量270ｇ）

1　鳳梨 … 1/5個（100g）
　　去皮、去芯，切成一口大小
2　紅肉葡萄柚 … 1/2個
　　去皮、留下內層的白膜，
　　去籽後切成一口大小
3　薄荷 … 1大匙（2g）
4　碳酸水 … 50ml

■ **作法**

將鳳梨、葡萄柚、薄荷放入調理機中，
蓋上蓋子後攪打。盛入杯中，倒入碳酸水，
最上面裝飾幾片薄荷葉（份量外）。

卡路里	97 kcal
膳食纖維	2.3g
維生素C	70mg
維生素A	54μg
維生素E	0.5mg

美人
POINT

提振精神，推薦這個！

綠薄荷的香味成分「薄荷酮」，
以及葡萄柚的香味成分「檸檬油
精」，這兩者都具有提振精神的
效果。想提升專注力時，也可以
飲用。

鳳梨 ＋ 芒果

這兩種水果的華麗組合，
充滿著南國度假的悠閒氣氛。

■ **材料**（完成份量250ｇ）

1 鳳梨 … 1/5個（100g）
　 去皮、去芯，切成一口大小
2 芒果 … 1/2個
　 將果肉劃切成一口大小，去皮
3 水 … 50ml

■ **作法**

將鳳梨、芒果放入調理機中，
加水，蓋上蓋子後攪打。

卡路里　115 kcal

膳食纖維	2.8g
維生素C	47mg
維生素A	54μg
維生素E	1.8mg

美人
POINT

抗老化，推薦這個！

芒果所含的維生素A，有助於保持肌膚年
輕。鳳梨所含的維生素C，則具有抗氧化
作用。兩者搭配，可期待產生相乘效果。

鳳梨
＋ 覆盆子

添加後更美味

＋

蜂蜜

這杯果昔有著可愛的葡萄酒色澤，
帶點甜酸味，但酸味較強烈。
就算冷凍後食用，味道也很好。

■ **材料**（完成份量200ｇ）

1 鳳梨 … 1/5個（100g）
　 去皮、去芯，切成一口大小
2 覆盆子 … 1/2杯（50g）
3 水 … 50ml

■ **作法**

將鳳梨、覆盆子放入調理機中，
加水，蓋上蓋子後攪打。

卡路里　72 kcal

膳食纖維	3.9g
維生素C	38mg
維生素A	4μg
維生素E	0.4mg

美人
POINT

減肥時，推薦這個！

水果中的香味成分、覆盆子酮（raspberry
ketone）都有助於脂肪分解。為了提升減
肥效果，建議在運動前飲用。

卡路里 $93\,\text{kcal}$

膳食纖維	3.5g
維生素C	82mg
維生素A	8μg
維生素E	1.0mg

美人
POINT

紓解疲勞，推薦這個！

鳳梨和奇異果中的檸檬酸，能夠抑制疲勞物質「乳酸」的產生。建議在運動後飲用。

卡路里 $116\,\text{kcal}$

膳食纖維	3.3g
維生素C	32mg
維生素A	5μg
維生素E	0.2mg

美人
POINT

改善便祕，推薦這個！

鳳梨與蘋果所含的膳食纖維具有整腸作用，能夠有效解決便祕和肌膚粗糙。連續一段時間外食時，建議飲用這款果昔。

鳳梨
╋ 奇異果

添加後更美味

╋

優格

鳳梨的甜味能夠襯托出奇異果的酸味，
整體口感相當清爽。
所含的酵素能夠分解蛋白質，
所以請在食用肉類之前或之後飲用。

■ 材料（完成份量230ｇ）

1　鳳梨 … 1/5個（100g）
　　去皮、去芯，切成一口大小
2　奇異果 … 1個
　　去皮，切成一口大小
3　水 … 50ml

■ 作法

將鳳梨、奇異果放入調理機中，
加水，蓋上蓋子後攪打。

鳳梨
╋ 蘋果

添加後更美味

╋

蜂蜜

簡單兩種水果的組合，
打造出最易入口的果昔。
甜度高，相當受孩子的歡迎。

■ 材料（完成份量270ｇ）

1　鳳梨 … 1/5個（100g）
　　去皮、去芯，切成一口大小
2　蘋果 … 1/2個
　　去籽、去核，切成一口大小
3　水 … 50ml

■ 作法

將鳳梨、蘋果放入調理機中，
加水，蓋上蓋子後攪打。

05
酪梨

Asuna's advice!

酪梨富含維生素、礦物質等，且含有很多「好的脂質」，所以被稱為「森林的奶油」。乳脂般的口感是其一大特色。不但富含油酸（oleic acid），有助於減少膽固醇，鉀含量也相當高，能夠有效防止老化，因此有助於預防生活習慣病。富含膳食纖維，對於改善便祕亦有幫助。

How to select

挑選外形漂亮、顏色深、表皮具光澤者。請確認果實上應帶有蒂頭。果皮偏黑、摸起來覺得有點彈力時，就是可以吃的時候。

成分（每100g）

卡路里	187kcal
膳食纖維	5.3g
維生素C	15mg
維生素A	6μg
維生素E	3.3mg

可以這樣搭配

打造美肌

酪梨
＋鳳梨
＋覆盆子

P.47

改善便祕

酪梨
＋蘋果 ＋香蕉
＋蜂蜜 ＋豆漿

P.47

預防生活習慣病

酪梨
＋草莓＋檸檬

P.48

抗老化

酪梨 ＋奇異果
＋鳳梨

P.48

打造美肌

酪梨 ＋蘋果
＋芒果

P.49

打造美肌

酪梨
＋葡萄柚

P.49

酪梨＋鳳梨＋覆盆子

酪梨＋蘋果＋香蕉
＋蜂蜜＋豆漿

酪梨 ✛ 鳳梨 ✛ 覆盆子

換成這個也OK
覆盆子換成
➡
草莓

鳳梨與覆盆子的水果香，可掩蓋酪梨的草腥味。

■ **材料**（完成份量290ｇ）

1　酪梨 … 1/4個
　　去籽、去皮，切成一口大小
2　鳳梨 … 1/5個（100ｇ）
　　去皮、去芯，切成一口大小
3　覆盆子 … 1/2杯（50ｇ）
4　水 … 100ml

卡路里	147 kcal
膳食纖維	6.0g
維生素C	44mg
維生素A	6μg
維生素E	1.7mg

■ **作法**

將酪梨、鳳梨、覆盆子放入調理機中，
加水，蓋上蓋子後攪打。

美人
POINT

打造美肌，推薦這個！

覆盆子所含的檸檬酸具有防止黑
斑、雀斑的作用。鳳梨的維生素
C和酪梨的維生素E搭配，效果相
乘，有助於打造瓷肌美人。

酪梨 ✛ 蘋果 ✛ 香蕉 ✛ 蜂蜜 ✛ 豆漿

添加後更美味
➕
甘酒

這款果昔有充分的膳食纖維，
能夠幫助整頓腸胃。

■ **材料**（完成份量360ｇ）

1　酪梨 … 1/4個
　　去籽、去皮，切成一口大小
2　蘋果 … 1/4個
　　去籽、去核，切成一口大小
3　香蕉 … 1/2根
　　去皮，切成一口大小

4　蜂蜜 … 1/2大匙
5　豆漿 … 100ml
6　水 … 100ml

卡路里	236 kcal
膳食纖維	4.2g
維生素C	11mg
維生素A	4μg
維生素E	3.8mg

■ **作法**

將酪梨、蘋果、香蕉、蜂蜜放入調理機中，
加入豆漿、水，蓋上蓋子後攪打。

美人
POINT

改善便祕，推薦這個！

酪梨和蘋果含有豐富的膳食纖維，
豆漿則含有大豆寡糖（soybean-
oligo saccharide），這些都能幫
助整頓腸道環境。

卡路里 110 kcal

膳食纖維	3.8g
維生素C	70mg
維生素A	3μg
維生素E	1.9mg

美人
POINT

預防生活習慣病，推薦這個！

酪梨富含油酸，有助減少膽固醇，豐富的
維生素E也能有效預防生活習慣病。

酪梨 ✛ 草莓 ✛ 檸檬

乳脂狀的酪梨，搭配草莓的清新酸甜，
非常對味！很有飽足感，很耐餓，
很適合作為早餐飲用。

■ **材料**（完成份量250g）

1 酪梨 … 1/4個
   去籽、去皮，切成一口大小
2 草莓 … 7顆
   去除蒂頭
3 檸檬 … 1/8個
   去皮、留下內層的白膜，切成一口大小
4 水 … 100ml

添加後更美味

╋

可可粉

■ **作法**

將酪梨、草莓、檸檬放入調理機中，
加水，蓋上蓋子後攪打。

- -

酪梨 ✛ 奇異果 ✛ 鳳梨

鳳梨的甜味，加上奇異果清新的香味，
喝起來很清爽。
不論何時，想充滿朝氣與活力時，就可飲用。

■ **材料**（完成份量270g）

1 酪梨 … 1/4個
   去籽、去皮，切成一口大小
2 奇異果 … 1個
   去皮，切成一口大小
3 鳳梨 … 1/10個（50g）
   去皮、去芯，切成一口大小
4 水 … 100ml

添加後更美味

╋

優格

■ **作法**

將酪梨、奇異果、鳳梨放入調理機中，
加水，蓋上蓋子後攪打。

卡路里 143 kcal

膳食纖維	4.9g
維生素C	75mg
維生素A	9μg
維生素E	2.3mg

美人
POINT

抗老化，推薦這個！

酪梨含有很多的維生素E，能降低體內的
氧化作用。若和維生素C一起攝取，效果
相乘！

酪梨 ⊕ 蘋果 ⊕ 芒果

這款果昔呈現濃稠的泥狀，味道相當濃郁。
可口的蘋果讓這款果昔更易於入口。

■ **材料**（完成份量390 g）

添加後更美味
+
甘酒

1 酪梨 ⋯ 1/4個
　去籽、去皮，切成一口大小
2 蘋果 ⋯ 1/2個
　去籽、去核，切成一口大小
3 芒果 ⋯ 1/2個
　將果肉劃切成一口大小，去皮
4 水 ⋯ 130ml

■ **作法**

將酪梨、蘋果、芒果放入調理機中，
加水，蓋上蓋子後攪打。

卡路里　204 kcal

膳食纖維	5.2g
維生素C	31mg
維生素A	55μg
維生素E	3.4mg

美人
POINT
打造美肌，推薦這個！
酪梨的維生素B群，以及芒果的胡蘿蔔
素，皆有助於維持肌膚健康，並可預防
肌膚粗糙。

酪梨 ⊕ 葡萄柚

酪梨的味道濃郁，
加上葡萄柚的酸味恰到好處。

■ **材料**（完成份量280 g）

1 酪梨 ⋯ 1/4個
　去籽、去皮，切成一口大小
2 紅肉葡萄柚 ⋯ 1個
　去皮、留下內層的白膜，
　去籽後切成一口大小

■ **作法**

將酪梨、葡萄柚放入調理機中，
蓋上蓋子後攪打。

卡路里　166 kcal

膳食纖維	3.6g
維生素C	92mg
維生素A	2μg
維生素E	2.0mg

美人
POINT
幫助預防黑斑、雀斑
酪梨所含的維生素E，可提高新陳代
謝、維持肌膚年輕，且有助防止黑斑和
雀斑。

Dressing Recipe

學會果昔的製作方法之後，再加以變化，就可以製作出具有蔬菜香的新鮮醬汁。由於是手作的醬汁，所以很令人安心。放在冰箱中，大約可保存一個星期。

美味醬汁的作法（四種皆同）

將材料放入調理機中，
蓋上蓋子攪打。

1 芝麻醬

這是大家都喜歡的芝麻風味醬，
有著濃濃的芝麻味，香氣十足。

■ **材料**（完成份量580 g）

1 洋蔥 … 1/2個（100g）
　 去皮，切成一口大小
2 胡蘿蔔 … 1/2根
　 切成一口大小
3 白芝麻 … 20g
4 大蒜 … 1瓣
5 沙拉油 … 200g
6 醋 … 3又1/2大匙
7 醬油 … 100g
8 蜂蜜 … 2大匙

2 法式醬

有助於改善便祕！

材料（完成份量500 g）

1 洋蔥 … 100g
　 去皮，切成一口大小
2 蘋果 … 100g
　 去籽、去核，切成一口大小
3 大蒜 … 1瓣
4 沙拉油 … 5大匙
5 醋 … 2大匙
6 鹽 … 1/2小匙

3 玉米醬

甜甜的玉米香，
很受小孩歡迎。

■ **材料**（完成份量270 g）

1 玉米（罐頭）… 190g
2 沙拉油 … 4大匙
3 醋 … 2大匙
4 鹽 … 1大匙

4 胡蘿蔔醬

綠色的沙拉搭配鮮豔的橘色醬汁，
色彩誘人！

材料（完成份量390 g）

1 胡蘿蔔 … 1根
　 切成一口大小
2 洋蔥 … 1/2個（100g）
　 去皮，切成一口大小
3 橄欖油 … 4大匙
4 醬油 … 50g
5 醋 … 40g
6 蜂蜜 … 1大匙
7 味醂 … 1大匙

chapter
. . . .

2

美麗果昔

{ 蔬菜 }

蔬菜營養價值高,打成果昔當飲料喝,很容易入口。綠色蔬菜含有蛋白質和膳食纖維,其含量比水果還豐富。覺得綠色蔬菜太單調乏味時,可加入番茄、彩椒等,這些也是營養價值高、適合作成果昔的蔬菜。

01
小松菜

Asuna's advice!

綠色蔬菜小松菜，含有均衡的營養素，鈣的含量更是蔬菜中的佼佼者！
想要預防骨質疏鬆症，或覺得有壓力時，推薦食用小松菜。小松菜也富
含維生素A、C、E，具抗氧化作用，有助於美容。由於不太有澀味，可
搭配的食材相當多元，很適合用來製作果昔。

How to select

選擇時，注意葉片應呈現深綠色，葉尖要
挺直。葉片較大者，青菜味較濃，葉片較
小者，味道比較溫和。小松菜的盛產期
是冬季，但一整年都買得到。

成分（每100g）

卡路里	14kcal
膳食纖維	1.9g
維生素C	39mg
維生素A	260μg
維生素E	0.9mg

可以這樣搭配

打造美肌
小松菜 ✛ 柳橙
✛ 蘋果
P.55

預防貧血
小松菜
✛ 鳳梨
P.55

營養補給
小松菜 ✛ 蘋果
✛ 香蕉 ✛ 酪梨
P.56

打造美肌
小松菜 ✛ 桃子
✛ 蜜柑 ✛ 蘋果
P.56

減肥
小松菜 ✛ 覆盆子
✛ 香蕉
P.57

排毒
小松菜 ✛ 香蕉 ✛ 芒果
✛ 椰子油
P.57

小松菜＋柳橙＋蘋果

小松菜＋鳳梨

小松菜 柳橙 ＋ 蘋果

添加後更美味
豆漿

這款果昔是「綠色果昔」中的基本款，推薦給第一次製作果昔的你。
若喝得習慣，可以增加小松菜的用量，藉此補充更多鈣質。

■ **材料**（完成份量340g）

1　小松菜葉 … 4片
　　去除根部後，切成小段
2　柳橙 … 1個
　　去皮、留下內層的白膜，切成一口大小
3　蘋果 … 1/2個
　　去籽、去核，切成一口大小
4　水 … 50ml

■ **作法**

將小松菜、柳橙、蘋果放入調理機中，
加水，蓋上蓋子後攪打。

卡路里 126kcal

膳食纖維	3.6g
維生素C	73mg
維生素A	69μg
維生素E	0.9mg

美人 POINT

打造美肌，推薦這個！

小松菜含豐富的膳食纖維，蘋果
則含有果膠（pectin），具整腸
作用，這兩者搭配在一起能夠幫
助改善便祕。排便順暢，則順利
排毒，美肌可期！

小松菜 鳳梨

添加後更美味
李子乾

即使生吃也沒有澀味的小松菜，
很適合與別類食材搭配。
增添鳳梨的甜味，更易於入口。

■ **材料**（完成份量170g）

1　小松菜葉 … 4片
　　去除根部後，切成小段
2　鳳梨 … 1/5個（100g）
　　去皮、去芯，切成一口大小
3　水 … 50ml

■ **作法**

將小松菜、鳳梨放入調理機中，
加水，蓋上蓋子後攪打。

卡路里 54kcal

膳食纖維	1.9g
維生素C	35mg
維生素A	55μg
維生素E	0.2mg

美人 POINT

預防貧血，推薦這個！

小松菜所含的鐵質，和鳳梨的維
生素C一起攝取，能夠提高營養
吸收力。

卡路里 177 kcal

膳食纖維	4.7g
維生素C	25mg
維生素A	58μg
維生素E	2.0mg

美人 POINT

減肥中的營養補給

本款果昔搭配的水果如香蕉、酪梨，營養價值都很高，推薦在減肥的過程中喝這道來均衡營養。

小松菜 ‖ 蘋果 ‖ 香蕉 ‖ 酪梨

口感黏稠，若以湯匙舀起，
一口一口慢慢飲用，能夠獲得飽足感。

添加後更美味

甘酒

■ 材料（完成份量320g）

小松菜葉 … 4片
去除根部後，
切成小段

蘋果 … 1/2個
去籽、去核，
切成一口大小

香蕉 … 1/2根
去皮，切成一口大小

酪梨 … 1/4個
去籽、去皮，切成一口大小

水 … 100ml

■ 作法

將小松菜、蘋果、香蕉、酪梨放入調理機中，
加水，蓋上蓋子後攪打。

卡路里 120 kcal

膳食纖維	3.1g
維生素C	40mg
維生素A	118μg
維生素E	1.1mg

美人 POINT

打造美肌，推薦這個！

對美麗的肌膚而言，維生素A、C、E相當重要，小松菜中這些營養素的含量很均衡。再加入三種水果，添入充足的維生素C，有助改善問題肌膚。

小松菜 ‖ 桃子 ‖ 蜜柑 ‖ 蘋果

充滿水果的甘甜好滋味，
推薦給孩子飲用。

添加後更美味

牛奶

■ 材料（完成份量360g）

小松菜葉 … 4片
去除根部後，
切成小段

桃子 … 1/4個
去皮、去籽，
切成一口大小

蜜柑 … 1個
去皮，切成4等分

蘋果 … 1/2個
去籽、去核，
切成一口大小

水 … 100ml

■ 作法

將小松菜葉、桃子、蜜柑、蘋果放入調理機中，
加水，蓋上蓋子後攪打。

小松菜 ✛ 覆盆子 ✛ 香蕉

這款果昔，
香蕉味中同時帶著覆盆子的酸味。
使用熟透的香蕉，可提升免疫力！

換成這個也OK
覆盆子換成
➡
草莓

■ **材料**（完成份量250ｇ）

1　小松菜葉 … 4片
　　去除根部後，切成小段
2　覆盆子 … 1/2杯（50ｇ）
3　香蕉 … 1根
　　去皮，切成一口大小
4　水 … 100ml

■ **作法**

將小松菜、覆盆子、香蕉放入調理機中，
加水，蓋上蓋子後攪打。

卡路里 93kcal

膳食纖維	3.7g
維生素C	32mg
維生素A	57μg
維生素E	1.0mg

美人
POINT

減肥時，推薦這個！

小松菜所含的「新黃素」（neoxanthin），以
及覆盆子所含的「覆盆子酮」，都有助於脂肪
的分解。

小松菜 ✛ 香蕉 ✛ 芒果 ✛ 椰子油

利用熱帶水果和椰子油，製作出又甜又濃稠的
夏日果昔。

■ **材料**（完成份量210ｇ）

1　小松菜葉 … 4片　　3　芒果 … 1/4個
　　去除根部後，切成小段　　將果肉劃切成一口大小
2　香蕉 … 1/2根　　　　去皮
　　去皮，　　　　　　4　椰子油 … 1小匙
　　切成一口大小　　　5　水 … 100ml

■ **作法**

將小松菜、香蕉、芒果放入調理機中，
加入椰子油、水，蓋上蓋子後攪打。

卡路里 106kcal

膳食纖維	1.5g
維生素C	24mg
維生素A	80μg
維生素E	1.3mg

美人
POINT

想排毒，推薦這個！

小松菜所含的「異硫氰酸酯」（isothiocyanate）能
夠促進肝臟的解毒酵素發生作用，香蕉和芒果所含
的「鉀」則能改善浮腫。

02
沙拉菠菜

Asuna's advice!

沙拉菠菜沒有什麼澀味，可以生吃，最大的魅力就是可以直接攝取到維生素C，避免高溫烹調流失營養成分。其中含有各種維生素、礦物質，營養成分比例均衡，營養價值很高。葉酸和鐵質的含量也很豐富，這兩種成分被稱為「造血維生素」，所以特別推薦給有貧血跡象者。這種菠菜的莖又細又嫩，口感很好，很適合製成果昔。

How to select

選擇時，注意葉子應呈深綠色，且水嫩具光澤。尤其要確認一下根部切口是否水嫩。菠菜的盛產季在冬天，但一整年都買得到。

成分（每100g）

卡路里	20kcal
膳食纖維	2.8g
維生素C	35mg
維生素A	350μg
維生素E	2.1mg

可 以 這 樣 搭 配

緩解焦躁不安
沙拉菠菜 ＋ 香蕉
＋ 柳橙 ＋ 豆漿
P.60

預防貧血
沙拉菠菜
＋ 草莓 ＋ 香蕉
P.61

預防貧血
沙拉菠菜
＋ 鳳梨
P.62

打造美肌
沙拉菠菜
＋ 巴西莓 ＋ 蘋果
＋ 香蕉
P.62

改善虛冷
沙拉菠菜
＋ 鳳梨
＋ 草莓 ＋ 薄荷
P.63

放鬆心情
沙拉菠菜
＋ 柳橙
＋ 葡萄柚
P.63

沙拉菠菜 ✛ 香蕉
✛ 柳橙 ✛ 豆漿

加了豆漿，營養更均衡，更好喝！
香蕉能為身體帶來能量，與之搭配，就成為了理想的早餐果昔。

添加後更美味
＋
李子乾

■ 材料（完成份量320 g）

沙拉菠菜 … 1/2株（20g）
　去除根部後，切成小段

香蕉 … 1/2根
　去皮，切成一口大小

柳橙 … 1個
　去皮、留下內層的白膜，切成一口大小

豆漿 … 100ml

■ 作法

將沙拉菠菜、香蕉、柳橙放入調理機中，
加入豆漿，蓋上蓋子後攪打。

卡路里	164 kcal
膳食纖維	2.6g
維生素C	73mg
維生素A	87μg
維生素E	3.4mg

美人
POINT

幫助安撫焦躁不安的情緒

香蕉含有色胺酸（tryptophan）和維
生素B6，能支援大腦運作。色胺酸能
夠幫助生成血清素，安定神經。

沙拉菠菜 ✚ 草莓 ✚ 香蕉

草莓和香蕉成為了這款果昔的基本調味，即使加上青菜味，
味道仍然很不錯，很好喝。
這款果昔酸酸甜甜的，口感濃郁，卡路里不高，且具飽足感。

添加後更美味

✚

優格

■ 材料 （完成份量260g）

1 沙拉菠菜 … 1/2株（20g）
　去除根部後，切成小段
2 草莓 … 6顆
　去除蒂頭
3 香蕉 … 1/2根
　去皮，切成一口大小
4 水 … 100ml

卡路里	64 kcal
膳食纖維	2.0g
維生素C	60mg
維生素A	73μg
維生素E	0.9mg

美人
POINT

預防貧血，推薦這個！

沙拉菠菜的鐵質與草莓所含的維
生素C一起攝取，就能提高營養
的吸收率，能有效預防因鐵不足
所引起的貧血。

■ 作法

將沙拉菠菜、草莓、香蕉放入調理機中，
加水，蓋上蓋子後攪打。

卡路里 55 kcal

膳食纖維	2.0g
維生素C	34mg
維生素A	73μg
維生素E	0.4mg

美人
POINT

適合有貧血傾向的女性

沙拉菠菜所含的葉酸有助於紅血球的製造，對孩子的發育也有幫助。有貧血傾向和懷孕中的女性，應該積極攝取葉酸。

卡路里 139 kcal

膳食纖維	3.8g
維生素C	162mg
維生素A	207μg
維生素E	2.5mg

美人
POINT

打造美肌，推薦這個！

巴西莓所含的多酚充滿了抗氧化成分，能夠有效防止老化。若希望預防或消除肌膚問題，可試試巴西莓。

沙拉菠菜 ✛ 鳳梨

藉由鳳梨的甜味，
可蓋掉蔬菜的青澀味。
若你不太愛吃菠菜，
可試著從這款果昔開始嘗試！

換成這個也OK
鳳梨換成 ➔ 黃金奇異果

■ **材料**（完成份量170g）

1. 沙拉菠菜 … 1/2株（20g）
   去除根部後，切成小段
2. 鳳梨 … 1/5個（100g）
   去皮、去芯，切成一口大小
3. 水 … 50ml

■ **作法**

將沙拉菠菜、鳳梨放入調理機中，
加水，蓋上蓋子後攪打。

沙拉菠菜 ✛ 巴西莓
✛ 蘋果 ✛ 香蕉

搭配營養價值高的巴西莓，
成為一款有益於美容的健康果昔。

添加後更美味
＋ 蜂蜜

■ **材料**（完成份量330g）

1. 沙拉菠菜
   … 1/2株（20g）
   去除根部後，切成小段
2. 巴西莓（冷凍）…50g
3. 蘋果 … 1/2個
   去籽、去核，
   切成一口大小
4. 香蕉 … 1/2根
   去皮，
   切成一口大小
5. 水 … 100ml

■ **作法**

將沙拉菠菜、巴西莓、蘋果、香蕉
放入調理機中，加水，蓋上蓋子後攪打。

卡路里 72 kcal

膳食纖維	2.8g
維生素C	66mg
維生素A	77μg
維生素E	0.6mg

美人
POINT

有助改善虛冷狀況

沙拉菠菜所含的鐵質有助於改善因虛冷造成的血液循環不良。冬天是波菜的盛產季，此時食用，營養價值會特別高。

沙拉菠菜 ✛ 鳳梨 ✛ 草莓 ✛ 薄荷

味道很清新的組合。
薄荷能夠調整胃部不適，
並可藉此提振精神。

添加後更美味
優格

■ 材料（完成份量220g）

1 沙拉菠菜
　… 1/2株（20g）
　去除根部後，切成小段
2 鳳梨
　… 1/5個（100g）
　去皮、去芯，切成一口大小

3 草莓 … 4顆
　去除蒂頭
4 薄荷 … 1大匙（2g）
5 水 … 50ml

■ 作法

將沙拉菠菜、鳳梨、草莓、薄荷放入調理機中，
加水，蓋上蓋子後攪打。

卡路里 108 kcal

膳食纖維	2.6g
維生素C	110mg
維生素A	126μg
維生素E	1.2mg

美人
POINT

想放鬆心情，推薦這個！

柳橙和葡萄柚所含的檸檬精油具穩定精神的作用。緊張或是焦躁不安時，很適合飲用這款果昔。

沙拉菠菜 ✛ 柳橙 ✛ 葡萄柚

想要轉換心情時，
就喝這款由柑橘類水果
組合而成果昔。

換成這個也OK
柳橙換成
→
蘋果

■ 材料（完成份量290g）

1 沙拉菠菜
　… 1/2株（20g）
　去除根部後，切成小段
2 柳橙 … 1個
　去皮、留下內層的
　白膜，切成一口大小

3 紅肉葡萄柚
　… 1/2個
　去皮、留下內層的白膜
　去籽後切成一口大小
4 豆漿 … 100ml

■ 作法

將沙拉菠菜、柳橙、葡萄柚放入調理機中，
加入豆漿，蓋上蓋子後攪打。

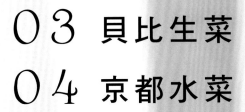

03 貝比生菜
04 京都水菜

Asuna's advice!

貝比生菜是發芽後10至30天左右的蔬菜嫩葉，所含的維生素、礦物質，比成熟的蔬菜豐富。一次就能攝取各種蔬菜，所以很方便。依種類不同，味道也會不一樣。

京都水菜含有很多的維生素、礦物質、膳食纖維，能攝取到均衡的營養素。京都水菜所含的葉綠素也有排毒的效果。名符其實，京都水菜的水分相當豐富，所以相當適合打成果昔，而且熱量很低。

How to select

選擇時，注意每片菜葉都堅挺且水嫩。由於貝比生菜的新鮮度很容易下降，所以沙拉用剩的，就要立刻打成果昔。

成分（每100g）

卡路里	113kcal
膳食纖維	2.5g
維生素C	38mg
維生素A	175μg
維生素E	2.5mg

How to select

選擇時，注意要連葉尖都很挺直、水嫩。葉子的綠與莖的白，會呈現出鮮明的對比色澤。

成分（每100g）

卡路里	23kcal
膳食纖維	3.0g
維生素C	55mg
維生素A	110μg
維生素E	1.8mg

可以這樣搭配

減肥
貝比生菜 ＋ 葡萄柚 ＋ 鳳梨
P.66

提升免疫力
貝比生菜 ＋ 柳橙 ＋ 蘋果
P.67

營養補給
貝比生菜 ＋ 芒果 ＋ 香蕉
P.67

可以這樣搭配

抗老化
京都水菜 ＋ 柳橙 ＋ 奇異果
P.68

打造美肌
京都水菜 ＋ 草莓 ＋ 覆盆子
P.69

排毒
京都水菜 ＋ 葡萄柚
P.69

貝比生菜 ✛ 葡萄柚 ✛ 鳳梨

葡萄柚和鳳梨的組合很適合搭配蔬菜，
尤其搭配略帶苦味的貝比生菜，非常對味！

材料（完成份量230g）

1　貝比生菜 … 1又1/2杯（10g）
2　紅肉葡萄柚 … 1個
　　去皮、留下內層的白膜，去籽後切成一口大小
3　鳳梨 … 1/5個（100g）
　　去皮、去芯，切成一口大小
4　水 … 50ml

作法

將貝比生菜、葡萄柚、鳳梨放入調理機中，
加水，蓋上蓋子後攪打。

卡路里	98 kcal
膳食纖維	2.4g
維生素C	77mg
維生素A	33μg
維生素E	0.5mg

美人 POINT

減肥時，推薦這個！

葡萄柚所含的苦味成分「柚苷」
可幫助抑制食欲，也能促進脂肪
的分解。若在飯前攝取，還能避
免用餐過量。

貝比生菜
柳橙 蘋果

以易於入口的柳橙和蘋果作為基底，
加上略帶苦味的綠色蔬菜，
就成為了這一款清爽的果昔。

添加後更美味
蜂蜜

■ 材料（完成份量330g）

1. 貝比生菜 … 1又1/2杯（10g）
2. 柳橙 … 1個
   去皮、留下內層的白膜，切成一口大小
3. 蘋果 … 1/2個
   去籽、去核，切成一口大小
4. 水 … 50ml

■ 作法

將貝比生菜、柳橙、蘋果放入調理機中，
加水，蓋上蓋子後攪打。

卡路里	126 kcal
膳食纖維	3.3g
維生素C	72mg
維生素A	47μg
維生素E	0.8mg

美人 POINT

幫助提升免疫力

貝比生菜所含的胡蘿蔔素、多酚有很優
秀的抗氧化力和免疫力，和柳橙的維生
素C一起攝取，效果更為顯著。

貝比生菜
芒果 香蕉

使用芒果和香蕉，
調和貝比生菜的味道，
就能打出濃稠又香甜的果昔。

添加後更美味
椰子油

■ 材料（完成份量200g）

1. 貝比生菜 … 1又1/2杯（10g）
2. 芒果 … 1/2個
   將果肉劃切成一口大小，去皮
3. 香蕉 … 1/2根
   去皮，切成一口大小
4. 水 … 50ml

■ 作法

將貝比生菜、芒果、香蕉放入調理機中，
加水，蓋上蓋子後攪打。

卡路里	100 kcal
膳食纖維	1.9g
維生素C	33mg
維生素A	83μg
維生素E	2.1mg

美人 POINT

減肥中的營養補給

除了貝比生菜之外，另外再加入京都水
菜、萵苣、芝麻菜等各種蔬菜，就能均
衡地攝取到維生素與礦物質。

京都水菜 ✦ 柳橙 ✦ 奇異果

換成這個也OK
柳橙換成
➡
鳳梨

將三種富含維生素C的食材搭配在一起，對肌膚有很好的幫助，
提升美容效果。肌膚粗糙時，推薦飲用這款果昔。

◻ 材料（完成份量290 g）

1. 京都水菜 … 1/4株（10 g）
   去除根部後，切成小段
2. 柳橙 … 1個
   去皮、留下內層的白膜，切成一口大小
3. 奇異果 … 1個
   去皮，切成一口大小
4. 水 … 50ml

◻ 作法

將京都水菜、柳橙、奇異果放入調理機中，
加水，蓋上蓋子後攪打。

卡路里	103 kcal
膳食纖維	3.7g
維生素C	121mg
維生素A	31μg
維生素E	1.7mg

美人
POINT

抗老化，推薦這個！

奇異果的檸檬酸具有「螯合作
用」（chelate），能幫助人體吸
收京都水菜所含的礦物質，也因
此，對於去除「活性氧」這個抗
老化的大敵，效果可期。

卡路里 49kcal

膳食纖維	3.8g
維生素C	64mg
維生素A	13μg
維生素E	0.9mg

美人 POINT

打造美肌，推薦這個！

覆盆子所含的維生素E和多酚，以及草莓所含的維生素C，有助於維持細胞組織的平衡，打造健康美麗的肌膚。

京都水菜 ✚ 草莓 ✚ 覆盆子

組合兩種莓果，
就能打出微甜、帶酸味的果昔，
低熱量、口感清爽。

換成這個也OK
覆盆子換成
➔
藍莓

■ **材料**（完成份量240g）

1　京都水菜 … 1/4株（10g）
　　去除根部後，切成小段
2　草莓 … 6顆
　　去除蒂頭
3　覆盆子（冷凍）… 50g
4　水 … 80ml

■ **作法**

將京都水菜、草莓、覆盆子放入調理機中，
加水，蓋上蓋子後攪打。

卡路里 93kcal

膳食纖維	1.7g
維生素C	92mg
維生素A	93μg
維生素E	0.9mg

美人 POINT

想排毒，推薦這個！

京都水菜所含的葉綠素能與血液中各種有害物質相結合，幫助排毒，使體內環境變得乾淨。

京都水菜 ✚ 葡萄柚

這是一款顏色漂亮、
口感清爽的果昔。
天氣晴好的日子裡，
飲用這款果昔，能使人心情愉悅。

添加後更美味
➕
柳橙

■ **材料**（完成份量250g）

1　京都水菜 … 1/4株（10g）
　　去除根部後，切成小段
2　紅肉葡萄柚 … 1個
　　去皮、留下內層的白膜，
　　去籽後切成一口大小

■ **作法**

將京都水菜、葡萄柚放入調理機中，
蓋上蓋子後攪打。

05 青江菜
06 芹菜

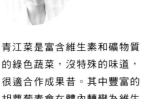

Asuna's advice!

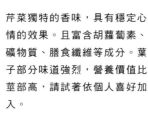

青江菜是富含維生素和礦物質的綠色蔬菜，沒特殊的味道，很適合作成果昔。其中豐富的胡蘿蔔素會在體內轉變為維生素A，所以能幫助維持肌膚健康，也能紓解眼睛的疲勞。

芹菜獨特的香味，具有穩定心情的效果。且富含胡蘿蔔素、礦物質、膳食纖維等成分。葉子部分味道強烈，營養價值比莖部高，請試著依個人喜好加入。

How to select

如果葉子顏色太綠，會太硬且澀味重，所以可選擇葉色淡一點的。莖的根部肥厚一些的，也比較好。

成分（每100g）

卡路里	9kcal
膳食纖維	1.2g
維生素C	24mg
維生素A	170μg
維生素E	0.7mg

How to select

品質好的芹菜，葉子的香味強烈，並呈現深綠色，莖也比較粗，且具光澤。新鮮芹菜的縱筋，凹凸不平的程度會比較明顯。

成分（每100g）

卡路里	15kcal
膳食纖維	1.5g
維生素C	7mg
維生素A	4μg
維生素E	0.2mg

可以這樣搭配

預防骨質疏鬆

青江菜 ✛ 柳橙 ✛ 鳳梨

P.72

預防生活習慣病

青江菜 ✛ 蘋果 ✛ 奇異果

P.73

改善髮質

青江菜 ✛ 鳳梨 ✛ 芒果

P.73

可以這樣搭配

緩解焦躁不安

芹菜 ✛ 葡萄柚 ✛ 柳橙

P.74

紓解壓力

芹菜 ✛ 鳳梨 ✛ 香蕉

P.75

排毒

芹菜 ✛ 蘋果 ✛ 黃金奇異果

P.75

青江菜 ✛ 柳橙
✛ 鳳梨

這款綠色果昔喝起來的口感就是柳橙＋鳳梨汁。
慢慢增加青江菜的份量，逐步提升營養價值。

換成這個也OK
柳橙換成
➡
草莓

■ 材料（完成份量280ｇ）

1. 青江菜葉 … 2片
   去除根部後，切成小段
2. 柳橙 … 1個
   去皮、留下內層的白膜，切成一口大小
3. 鳳梨 … 1/10個（50g）
   去皮、去芯，切成一口大小
4. 水 … 50ml

■ 作法

將青江菜、柳橙、鳳梨放入調理機中，
加水，蓋上蓋子後攪打。

卡路里　88kcal

膳食纖維	2.5g
維生素C	81mg
維生素A	68μg
維生素E	0.7mg

美人
POINT

預防骨質疏鬆症

青江菜含有很多的鈣質，能強化骨
骼和牙齒，預防肩頸痠痛、骨質疏
鬆。藉由柳橙和鳳梨的維生素C，更
能提升鈣質的吸收率！

卡路里 110kcal

膳食纖維	4.2g
維生素C	67mg
維生素A	58μg
維生素E	1.5mg

美人 POINT

預防生活習慣病，推薦這個！

青江菜的異硫氰酸酯具有抗癌作用，加上奇異果與蘋果的抗氧化作用，就能打造每日健康生活！

青江菜 ✛ 蘋果 ✛ 奇異果

由於維生素A、C的含量很豐富，所以感覺快感冒時，推薦飲用這款果昔。

添加後更美味

＋ 優格

■ **材料**（完成份量280 g）

1　青江菜葉 … 2片
　　去除根部後，切成小段
2　蘋果 … 1/2個
　　去籽、去核，切成一口大小
3　奇異果 … 1個
　　去皮，切成一口大小
4　水 … 50ml

■ **作法**

將青江菜、蘋果、奇異果放入調理機中，加水，蓋上蓋子後攪打。

卡路里 118kcal

膳食纖維	3.2g
維生素C	54mg
維生素A	105μg
維生素E	2.0mg

美人 POINT

維持健康的髮質

鳳梨的維生素C和芒果的胡蘿蔔素，有助於潤澤毛髮、防止乾燥。此外，胡蘿蔔素也有助於維持髮量，並保持頭髮的彈性。

青江菜 ✛ 鳳梨 ✛ 芒果

香醇的甜味與酸味，搭配得恰到好處。這款果昔有助於提升美容效果。

添加後更美味

＋ 椰子油

■ **材料**（完成份量280 g）

1　青江菜葉 … 2片
　　去除根部後，切成小段
2　鳳梨 … 1/5個（100g）
　　去皮、去芯，切成一口大小
3　芒果 … 1/2個
　　將果肉劃切成一口大小，去皮
4　水 … 50ml

■ **作法**

將青江菜、鳳梨、芒果放入調理機中，加水，蓋上蓋子後攪打。

芹菜 ✛ 葡萄柚 ✛ 柳橙

換成這個也O.K.
柳橙換成 ➜
鳳梨

飲用這款果昔能使人完全放鬆。芹菜的香味有助於安撫焦躁不安的
情緒,而柑橘類的香味則能讓人放鬆心情。

■ 材料（完成份量300g）

1 芹菜 … 5cm（30g）
  去除葉子,並去除縱筋纖維,
  然後切成一口大小

2 白肉葡萄柚 … 1/2個
  去皮、留下內層的白膜,
  去籽後切成一口大小

3 柳橙 … 1個
  去皮、留下內層的白膜,切成一口大小

■ 作法

將芹菜、葡萄柚、柳橙放入調理機中,
蓋上蓋子後攪打。

卡路里 109 kcal

膳食纖維　2.6g
維生素C　105mg
維生素A　16μg
維生素E　0.9mg

美人
POINT

幫助安撫焦躁不安的情緒

芹菜中的芹菜苷（apiin）和芹子
烯（selinene）等芳香成分,具
有安撫焦躁、穩定情緒的作用。
這款果昔也能幫助減緩頭痛症
狀,所以推薦在想要放輕鬆時飲
用。

卡路里 90 kcal

膳食纖維	2.4g
維生素C	35mg
維生素A	6μg
維生素E	0.3mg

美人
POINT

紓解壓力，推薦這個！

鈣，能夠幫助人體承受壓力，是不可或缺的營養素。芹菜中的鈣含量相當豐富，搭配鳳梨的維生素C，可提高鈣質的吸收率。

卡路里 112 kcal

膳食纖維	4.3g
維生素C	62mg
維生素A	8μg
維生素E	1.4mg

美人
POINT

想排毒，推薦這個！

芹菜、蘋果、奇異果中的鉀含量很高，具有利尿作用，亦有助於改善浮腫。

芹菜 ✛ 鳳梨 ✛ 香蕉

建議不愛吃芹菜的你
也嘗嘗這一款果昔，
因為味道很甘甜，且口感溫和。

添加後更美味
＋
草莓

■ **材料**（完成份量270g）

1. 芹菜 … 5cm（30g）
   去葉、去筋，切成一口大小
2. 鳳梨 … 1/5個（100g）
   去皮、去芯，切成一口大小
3. 香蕉 … 1/2根
   去皮，切成一口大小
4. 水 … 100ml

■ **作法**

將芹菜、鳳梨、香蕉放入調理機中，
加水，蓋上蓋子後攪打。

芹菜 ✛ 蘋果 ✛ 黃金奇異果

配色柔和的一款果昔，
連孩子都很容易接受它的味道。

添加後更美味
＋
蘋果醋

■ **材料**（完成份量280g）

1. 芹菜 … 5cm（30g）
   去葉、去筋，切成一口大小
2. 蘋果 … 1/2個
   去籽、去核，切成一口大小
3. 黃金奇異果 … 1個
   去皮，切成一口大小
4. 水 … 50ml

■ **作法**

將芹菜、蘋果、黃金奇異果放入調理機中，
加水，蓋上蓋子後攪打。

07

番茄

Asuna's advice!

番茄的維生素、礦物質含量豐富，但特別引人注意的是，其中的紅色色素成分「茄紅素」。據說，番茄的抗氧化力非常強，所含的β胡蘿蔔素也是其他蔬菜的好幾倍，有助於預防生活習慣病、強化美容效果。「檸檬酸」是番茄的酸味成分，有助於紓解疲勞。番茄的皮也具有藥效，所以製作果昔時，請不要去皮。

How to select

顏色越紅、果實越熟，營養價值越高且美味。選擇表皮無色斑，且具光澤和彈性者。確認蒂頭呈現深綠色、具彈性。屬於夏天盛產的蔬菜，但一整年都買得到。

成分（每100g）

卡路里	19kcal
膳食纖維	1.0g
維生素C	15mg
維生素A	45μg
維生素E	0.9mg

可 以 這 樣 搭 配

消暑對策

番茄 ✚ 小黃瓜 ✚ 萵苣

P.78

減肥

番茄 ✚ 芹菜 ✚ 紫蘇

P.79

預防生活習慣病

小番茄 ✚ 柳橙 ✚ 蘋果

P.80

打造美肌

番茄 ✚ 覆盆子 ✚ 鳳梨

P.80

預防浮腫

番茄 ✚ 芹菜 ✚ 蘋果

P.81

排毒

番茄 ✚ 葡萄柚 ✚ 蘋果

P.81

番茄 ＋ 小黃瓜 ＋ 萵苣

搭配三種蔬菜打成「喝的沙拉」。比起吃沙拉，喝果昔能更輕鬆地
攝取大量蔬菜，且因為不需要淋醬汁，對健康更有幫助。

添加後更美味
＋
羅勒

材料（完成份量210ｇ）

1 番茄 … 1/2個
　去除蒂頭，切成一口大小
2 小黃瓜 … 1/3根
　去除蒂頭，切成一口大小
3 萵苣葉 … 2片
　撕碎成一口大小
4 水 … 50ml

作法

將番茄、小黃瓜、萵苣放入調理機中，
加水，蓋上蓋子後攪打。

卡路里	28 kcal
膳食纖維	1.7g
維生素C	22.9mg
維生素A	73μg
維生素E	1.3mg

美人
POINT

夏天消暑，推薦這個！

大量出汗時，體內鉀含量容易不
足，此時可食用小黃瓜來補充。
因高溫和紫外線所造成的損傷，
則可以藉由番茄中的茄紅素，幫
助進行修復。

番茄 ✛ 芹菜 ✛ 紫蘇

番茄搭配清爽、香氣十足的芹菜，就能製作出高級的果昔，
而且熱量很低。紫蘇的香氣有助於消化，因此建議在飯前飲用。

材料（完成份量190ｇ）

1　番茄 … 1/2個
　　去除蒂頭，切成一口大小
2　芹菜 … 5cm（30ｇ）
　　去葉、去筋，切成一口大小
3　紫蘇 … 2片
　　適當地撕碎
4　水 … 100ml

作法

將番茄、芹菜、紫蘇放入調理機中，
加水，蓋上蓋子後攪打。

卡路里	16 kcal
膳食纖維	1.2g
維生素C	11mg
維生素A	37μg
維生素E	0.6mg

美人 POINT

減肥時，推薦這個！

紫蘇所含的葉綠素具有優秀的整
腸、抗氧化作用，能夠幫助女人
煥發健康的魅力，是不可或缺的
營養素。番茄與芹菜的組合，對
排毒和減肥有一定的效果。

Smoothie for beauty | vegetables

07
番茄

小番茄
✚ 柳橙 ✚ 蘋果

小番茄的營養比番茄豐富，
可藉此補充更多養分。

■ **材料**（完成份量370g）

1. 小番茄 … 5個（50g）
   去除蒂頭
2. 柳橙 … 1個
   去皮、留下內層的白膜，切成一口大小
3. 蘋果 … 1/2個
   去籽、去核，切成一口大小
4. 水 … 50ml

■ **作法**

將小番茄、柳橙、蘋果放入調理機中，加
水，蓋上蓋子後攪打。

卡路里 137kcal

膳食纖維	3.9g
維生素C	81mg
維生素A	57μg
維生素E	1.2mg

美人 POINT

預防生活習慣病，推薦這個！

小番茄所含的茄紅素具很強的抗氧化作
用，能幫助預防癌症和動脈硬化。它的
茄紅素比一般番茄還要豐富。

番茄
✚ 覆盆子 ✚ 鳳梨

這是一款清爽、帶酸味的果昔，
夏天時是很好的「美肌對策」。

■ **材料**（完成份量240g）

1. 番茄 … 1/2個
   去除蒂頭，切成一口大小
2. 覆盆子 … 50g
3. 鳳梨 … 1/10個（50g）
   去皮、去芯，切成一口大小
4. 水 … 80ml

■ **作法**

將番茄、覆盆子、鳳梨放入調理機中，
加水，蓋上蓋子後攪打。

卡路里 58kcal

膳食纖維	3.8g
維生素C	34mg
維生素A	30μg
維生素E	0.9mg

美人 POINT

日曬後，幫助恢復健康肌膚！

要恢復曬傷的肌膚，建議維生素C和E要
一起攝取。番茄就同時含有維生素C和
E。

卡路里 81 kcal

膳食纖維	2.9g
維生素C	16mg
維生素A	30μg
維生素E	0.8mg

美人
POINT

對抗浮腫，推薦這個！

番茄、芹菜所含的鉀能促進身體排出多餘的鹽份。

番茄
✚ 芹菜 ✚ 蘋果

番茄和蘋果是最好的搭配！
藉由芹菜的香味，
則可以調和出喝不膩的味道。

添加後更美味
✚
鳳梨

■ **材料**（完成份量310g）

1 番茄 … 1/2個
　去除蒂頭，切成一口大小
2 芹菜 … 5cm（30g）
　去葉、去筋，切成一口大小
3 蘋果 … 1/2個
　去籽、去核，切成一口大小
4 水 … 100ml

■ **作法**

將番茄、芹菜、蘋果放入調理機中，
加水，蓋上蓋子後攪打。

卡路里 121 kcal

膳食纖維	3.1g
維生素C	57mg
維生素A	70μg
維生素E	1.1mg

美人
POINT

想排毒，推薦這個！

番茄所含的茄紅素具排毒效果，再搭配葡萄柚和蘋果的膳食纖維，效果相乘。

番茄
✚ 葡萄柚 ✚ 蘋果

這款果昔可讓人一口喝下水果的維生素C，
及豐富的膳食纖維。

■ **材料**（完成份量350g）

1 番茄 … 1/2個
　去除蒂頭，切成一口大小
2 紅肉葡萄柚
　 … 1/2個
　去皮、留下內層的白膜，
　去籽後切成一口大小

3 蘋果 … 1/2個
　去籽、去核，
　切成一口大小
4 水 … 50ml

■ **作法**

將番茄、葡萄柚、蘋果放入調理機中，
加水，蓋上蓋子後攪打。

08
彩椒

Asuna's advice!

雖然彩椒是青椒的同類，但營養價值比青椒高，且帶有甜味。含有豐富的胡蘿蔔素，具抗氧化作用，能提高免疫力。尤其是紅、黃、橘的天然色素，具有強烈的抗氧化作用，能幫助打造美肌，並減緩老化。由於味道強烈，製作果昔時少量使用即可。具有甜美多汁的口感。

How to select

選擇肉厚、表面具彈性、有光澤者。如果表皮變軟且產生皺紋，表示不新鮮，要避免選用。夏、秋兩季是盛產期，但一整年都買得到。

成分（每100g）

	紅 / 黃
卡路里	30kcal ／ 27kcal
膳食纖維	1.6g ／ 1.3g
維生素C	170mg ／ 150mg
維生素A	88μg ／ 17μg
維生素E	4.3mg ／ 2.4mg

可以這樣搭配

減肥

彩椒 ✚ 番茄 ✚ 芹菜

P.84

打造美肌

彩椒 ✚ 柳橙 ✚ 草莓

P.85

提升免疫力

彩椒 ✚ 草莓 ✚ 蘋果

P.86

眼睛保健

彩椒 ✚ 葡萄柚 ✚ 蘋果

P.86

排毒

彩椒 ✚ 蘋果 ✚ 蜜柑

P.87

抗老化

彩椒 ✚ 鳳梨 ✚ 覆盆子

P.87

彩椒 ✛ 番茄 ✛ 芹菜

番茄的茄紅素飽含力量，呈現出一杯充滿朝氣的紅色果昔。
由於使用的食材全是蔬菜，味道相當實在，很適合年長者飲用。
若加些蘋果，會變得更易於入口。

添加後更美味

✛

蘋果

■ **材料**（完成份量230 g）

1　彩椒（紅）… 1/4個
　　去蒂頭、去籽，切成一口大小
2　番茄 … 1/2個
　　去除蒂頭，切成一口大小
3　芹菜 … 5cm（30g）
　　去葉、去筋，切成一口大小
4　水 … 100ml

卡路里	28 kcal
膳食纖維	1.7g
維生素C	79mg
維生素A	63μg
維生素E	2.3mg

美人
POINT

減肥時，推薦這個！

彩椒和番茄含有豐富的胡蘿蔔
素和維生素C，會發揮強大的抗
氧化作用，使人由內而外漂亮起
來。由於熱量低，很適合減肥時
飲用。

■ **作法**

將彩椒、番茄、芹菜放入調理機中，
加水，蓋上蓋子後攪打。

彩椒 ✛ 柳橙 ✛ 草莓

在富含胡蘿蔔素的彩椒中，加入富含維生素C的柳橙和草莓，
有助於提升膠原蛋白的生成，打造美麗肌膚。

■ **材料**（完成份量290 g）

1 彩椒（紅） … 1/4個
　 去蒂頭、去籽，切成一口大小
2 柳橙 … 1個
　 去皮、留下內層的白膜，切成一口大小
3 草莓 … 4顆
　 去除蒂頭
4 水 … 50ml

■ **作法**

將彩椒、柳橙、草莓放入調理機中，
加水，蓋上蓋子後攪打。

卡路里	88 kcal

膳食纖維	2.8g
維生素C	159mg
維生素A	51 μg
維生素E	2.4mg

美人
POINT

打造美肌，推薦這個！

彩椒的胡蘿蔔素能提高新陳代
謝，改善肌膚粗糙。胡蘿蔔素在
人體內會轉化成維生素A，加上
柳橙和草莓的維生素C，就能發
揮強大的抗氧化作用，進而打造
出美麗肌膚。

卡路里 78kcal

膳食纖維	2.9g
維生素C	132mg
維生素A	37μg
維生素E	2.2mg

美人
POINT

幫助提高免疫力

彩椒與草莓中充滿了維生素C，能夠提高
免疫力，飲用這款果昔可預防感冒。

彩椒
✚ 草莓 ✚ 蘋果

這款果昔擁有緋紅的色澤，帶著酸酸甜甜的
滋味，放入漂亮的玻璃杯裡，也能取代餐前酒。

■ **材料**（完成份量300g）

添加後更美味
✚
蜂蜜

1 彩椒（紅）… 1/4個
　去蒂頭、去籽，切成一口大小
2 草莓 … 8顆
　去除蒂頭
3 蘋果 … 1/4個
　去籽、去核，切成一口大小
4 水 … 100ml

■ **作法**

將彩椒、草莓、蘋果放入調理機中，
加水，蓋上蓋子後攪打。

彩椒
✚ 葡萄柚 ✚ 蘋果

這款果昔呈現淡淡的檸檬黃，
明亮的色澤令人覺得活力十足！

■ **材料**（完成份量450g）

1 彩椒（黃） … 1/4個
　去蒂頭、去籽，切成一口大小
2 黃肉葡萄柚 … 1個
　去皮、留下內層的白膜，
　去籽後切成一口大小
3 蘋果 … 1/2個
　去籽、去核，切成一口大小
4 水 … 50ml

■ **作法**

將彩椒、葡萄柚、蘋果放入調理機中，
加水，蓋上蓋子後攪打。

卡路里 167kcal

膳食纖維	3.8g
維生素C	151mg
維生素A	10μg
維生素E	2.0mg

美人
POINT

幫助預防眼睛疾病

黃色彩椒含有葉黃素（lutein），可保護
眼球，預防眼睛生病。

卡路里 109 kcal

膳食纖維	2.9g
維生素C	98mg
維生素A	99μg
維生素E	2.2mg

美人
POINT

想排毒，推薦這個！

彩椒、蘋果、蜜柑含有鉀，對於消除浮腫有一定的幫助。蘋果的膳食纖維則有助於整腸、排毒。

彩椒
✚ 蘋果 ✚ 蜜柑

有水果溫和的味道，帶點兒酸，天氣寒冷時能幫助預防感冒。

換成這個也OK
蜜柑換成
➡
香蕉

■ **材料**（完成份量280g）

1. 彩椒（紅）… 1/4個
   去蒂頭、去籽，切成一口大小
2. 蘋果 … 1/2個
   去籽、去核，切成一口大小
3. 蜜柑 … 1個
   去皮，切成小塊
4. 水 … 50ml

■ **作法**

將彩椒、蘋果、蜜柑放入調理機中，加水，蓋上蓋子後攪打。

卡路里 84 kcal

膳食纖維	4.5g
維生素C	106mg
維生素A	39μg
維生素E	2.1mg

美人
POINT

抗老化，推薦這個！

紅色的蔬菜與水果中，含有辣椒紅素（capsanthin）的營養成分，會發揮強大的抗氧化作用。

彩椒
✚ 鳳梨 ✚ 覆盆子

甜與酸的滋味完美搭配，是一款深具抗氧化力的紅色果昔。

■ **材料**（完成份量240g）

1. 彩椒（紅）… 1/4個
   去蒂頭、去籽，切成一口大小
2. 鳳梨 … 1/5個（100g）
   去皮、去芯，切成一口大小
3. 覆盆子 … 1/2杯（50g）
4. 水 … 50ml

■ **作法**

將彩椒、鳳梨、覆盆子放入調理機中，加水，蓋上蓋子後攪打。

Ice
Recipe

製作風味冰品與製作果昔的方法大致相同，要領就是，
將材料放入調理機後，打開開關，接著，放入冷凍庫冷凍。
由於營養十足，就算當點心吃，也沒什麼後顧之憂。
可依個人喜好加入水果，調製出不同口味的冰品。

風味冰品的作法（三種皆同）

將材料放入調理機中，
蓋上蓋子後攪打。
打好後，倒到容器裡，
放入冷凍庫冷凍，使之凝固。

1

1 堅果可可冰

腰果味道濃郁，
是孩子們都會喜歡的巧克力味。

■ **材料**（完成份量170ｇ）

1 腰果 … 50g
2 椰子油 … 20g
3 可可粉 … 1大匙
4 楓糖漿 … 2大匙
5 水 … 50ml

2 黃豆粉＋
黑芝麻的和風冰

乳脂口感不輸一般的冰淇淋。

■ **材料**（完成份量320ｇ）

1 酪梨 … 1個
　去籽、去皮，切成一口大小
2 蜂蜜 … 2大匙
3 黃豆粉 … 1大匙
4 黑芝麻 … 1大匙
5 豆漿 … 100ml

※可依個人喜好，在冰上淋黑
　糖漿或撒黃豆粉。

2

3 豆腐冰

易消化＆易吸收
當宵夜吃也很OK！

■ **材料**（完成份量180ｇ）

絹豆腐 … 150g
可可粉 … 1大匙
楓糖漿 … 2大匙

3

點心果昔

以水果代替點心是非常健康的飲
食選擇。搭配優格、豆漿等,果
昔喝起來會有顆粒感。「點心果
昔」可以避免零食過量,又可讓
人充滿精神地度過午後時光,很
推薦在減肥時飲用。

草莓＋桃子＋牛奶

草莓奶昔

90

草莓 ✛ 桃子 ✛ 牛奶

添加後更美味
✛
優格

草莓與桃子的組合堪稱絕配，可以作成粉紅色果昔。
泥狀略帶甜味的口感，一掃空腹時的饑餓感。

| 卡路里 | 85 kcal |

■ **材料**（完成份量190 g）

1 草莓 … 8顆
　去除蒂頭
2 桃子 … 1/2個
　去皮、去籽，切成一口大小
3 牛奶 … 50ml

膳食纖維	1.9g
維生素C	66mg
維生素A	21μg
維生素E	0.8mg

■ **作法**

將草莓、桃子放入調理機中，
加入牛奶，蓋上蓋子後攪打。

美人 POINT

預防便祕，推薦這個！

草莓和桃子富含果膠等膳食纖
維。水溶性膳食纖維具有整腸作
用，是預防便祕的好伙伴。

草莓奶昔

換成這個也OK
草莓換成
→
藍莓

優格的酸味中加入草莓的甜味，變身為方便飲用的奶昔。
這款果昔的味道很舒服，一早起來沒有食欲時，也很容易入口。

| 卡路里 | 134 kcal |

■ **材料**（完成份量250 g）

1 草莓 … 8顆
　去除蒂頭
2 優格 … 1/4杯
3 牛奶 … 100ml

膳食纖維	1.4g
維生素C	64mg
維生素A	57μg
維生素E	0.6mg

■ **作法**

將草莓、優格放入調理機中，
加入牛奶，蓋上蓋子後攪打。

美人 POINT

希望改善腸道環境，推薦這個！

優格表面的液體稱為「乳清」，
含有很多的水溶性蛋白質和維生
素、礦物質，因此不要倒掉，請
和優格混合後食用。

冷凍蘋果 ✚ 甘酒

甘酒和冷凍好的蘋果混合在一起，
會產生令人舒暢的口感。

換成這個也OK
水換成
➜
豆漿

■ 材料（完成份量270ｇ）

1 冷凍蘋果 … 1/2個
去籽、去核，切成一口大小
2 甘酒 … 2又1/2大匙
3 水 … 100ml

■ 作法

將冷凍蘋果、甘酒放入調理機中，
加水，蓋上蓋子後攪打。

卡路里	106 kcal
膳食纖維	2.1g
維生素C	5mg
維生素A	2μg
維生素E	0.2mg

美人
POINT

改善便祕，推薦這個！

蘋果的紅皮含有花青素，具有很
高的抗氧化力，有助於對抗老
化。蘋果和甘酒中所含的膳食纖
維，則有助於改善便祕的狀況。

水果冷湯

若將打好的果昔倒在盤子裡，就變成清涼的「果昔湯」。
撒上切碎的水果，外觀加分，營養提升。

添加後更美味

＋

蘋果

■ **材料**（完成份量420ｇ）

1 黃肉葡萄柚 … 1個
　去皮、留下內層的白膜，
　去籽後切成一口大小
2 柳橙 … 1個
　去皮、留下內層的白膜，切成一口大小

■ **作法**

將葡萄柚、柳橙放入調理機中，
蓋上蓋子後攪打。
盛裝時，最上面以一些水果（份量外）作裝飾。

卡路里 147 kcal

膳食纖維	2.6g
維生素C	144mg
維生素A	15μg
維生素E	1.2mg

美人
POINT

減肥時的好幫手！

若以湯匙一口一口地喝，很容易
獲得飽足感。飲用的同時，也
咀嚼著切碎的水果，能夠促進
唾液分泌消化酵素「澱粉酶」
（amylase），減輕腸胃負擔。

葡萄柚 + 冷凍鳳梨 = 雪酪果昔

水分充足的葡萄柚搭配冷凍鳳梨，
放入調理機中攪打，就能作出涼爽的雪酪果昔。

添加後更美味
+
蜂蜜

■ **材料**（完成份量390 g）

1 白肉葡萄柚 … 1個
　去皮、留下內層的白膜，
　去籽後切成一口大小
2 冷凍鳳梨 … 1/5個（100 g）
　切成一口大小
3 水 … 50ml

■ **作法**

將葡萄柚、冷凍鳳梨放入調理機中，
加水，蓋上蓋子後攪打。

卡路里 142 kcal

膳食纖維	3g
維生素C	113mg
維生素A	3 μg
維生素E	0.7mg

美人 POINT

減肥時的優質點心

純粹以水果製作的雪酪，熱量比
市售的雪酪低，而且無添加物，
所以能安心飲用。鳳梨中含有檸
檬酸，有助於紓解疲勞。這款果
昔在炎炎夏日中，很適合作為消
暑點心。

巴西莓果昔

巴西莓近來頗受矚目,可以作出營養滿分的果昔。
若鋪一層乾的格蘭諾拉麥片(granola),
就變成夏威夷的知名點心「巴西莓冰霜」(acai bowl)。

■ **材料**(完成份量420ｇ)

1　巴西莓果泥(冷凍)
　　… 100g
　　參考P.13的作法

2　草莓 … 4顆
　　去除蒂頭

3　香蕉 … 1/2根
　　去皮,切成一口大小

4　藍莓(冷凍)… 20g

5　蜂蜜 … 1大匙

6　豆漿 … 150ml

卡路里	288 kcal
膳食纖維	4.5g
維生素C	328mg
維生素A	270μg
維生素E	7.3mg

■ **作法**

將巴西莓果泥、草莓、香蕉、藍莓、蜂蜜
放入調理機中,加入豆漿,
蓋上蓋子後攪打。
盛裝時,最上面放上裝飾用的水果(份量外)。

美人
POINT

幫助肌膚保持彈性

巴西莓是營養價值很高的水果,
甚至被稱為「超級食物」。其
中,具抗氧化力的「多酚」含量
豐富,因此能防止老化,調整膚
況。

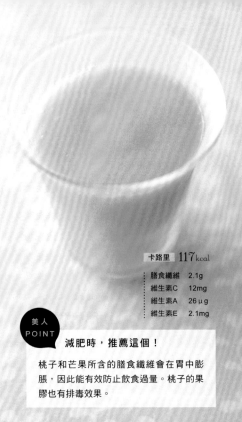

桃子 ✛ 芒果

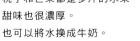

桃子和芒果都是多汁的水果，
甜味也很濃厚。
也可以將水換成牛奶。

換成這個也OK
水換成
➡
牛奶

■ **材料**（完成份量200g）

1 桃子（罐頭）… 1/2個（100g）
  切成一口大小
2 芒果 … 1/4個
  將果肉劃切成一口大小，去皮
3 水 … 50ml

■ **作法**

將桃子、芒果放入調理機中，
加水，蓋上蓋子後攪打。

卡路里 117kcal

膳食纖維	2.1g
維生素C	12mg
維生素A	26μg
維生素E	2.1mg

美人 POINT

減肥時，推薦這個！

桃子和芒果所含的膳食纖維會在胃中膨
脹，因此能有效防止飲食過量。桃子的果
膠也有排毒效果。

冷凍草莓 ✛ 蜂蜜 ✛ 牛奶

這款草莓奶昔中，
為了提高紓解疲勞的效果而加了蜂蜜。
工作、讀書疲倦時，
請以這款草莓奶昔作為點心吧！

添加後更美味
✛
藍莓

■ **材料**（完成份量380g）

1 冷凍草莓 … 12顆
2 蜂蜜 … 1大匙
3 牛奶 … 200ml

■ **作法**

將冷凍草莓、蜂蜜放入調理機中，
加入牛奶，蓋上蓋子後攪打。

卡路里 248kcal

膳食纖維	2.2g
維生素C	96mg
維生素A	80μg
維生素E	0.8mg

美人 POINT

打造晶瑩剔透的肌膚

草莓含很多的維生素C，能抑制黑色素沉
澱，打造具透明感的雪白肌膚。

卡路里 184 kcal

膳食纖維	2.5g
維生素C	6mg
維生素A	2μg
維生素E	3.8mg

美人
POINT

幫助預防更年期障礙

黃豆粉和豆漿所含的大豆異黃酮,其作
用類似女性荷爾蒙,所以對於預防更年
期障礙有一定的幫助。

香蕉 ⊹ 黃豆粉
⊹ 黑芝麻 ⊹ 豆漿

黑芝麻與黃豆粉的搭配,
可調製出和風果昔。
大豆異黃酮的力量,
也可提升女人的健康魅力。

添加後更美味

楓糖漿

■ **材料**（完成份量210g）

1 香蕉 … 1/2根
　去皮,切成一口大小
2 黃豆粉 … 1大匙
3 黑芝麻 … 1小匙
4 豆漿 … 150ml

■ **作法**

將香蕉、黃豆粉、黑芝麻放入調理機中,
加入豆漿,蓋上蓋子後攪打。

蜜柑 ⊹ 桃子
⊹ 冷凍香蕉 ⊹ 牛奶

以香蕉為主調的乳霜感果昔,最適合當點心。
這款果昔的滋味,
是那種令人懷舊的綜合果汁味。

換成這個也OK
牛奶換成

豆漿

■ **材料**（完成份量260g）

1 蜜柑 … 1個
　去皮,分成4等分
2 桃子（罐頭）… 50g
　切成一口大小
3 冷凍香蕉 … 1/2根
　去皮,切成一口大小
4 牛奶 … 100ml

■ **作法**

將蜜柑、桃子、香蕉放入調理機中,
加入牛奶,蓋上蓋子後攪打。

卡路里 178 kcal

膳食纖維	1.4g
維生素C	31mg
維生素A	105μg
維生素E	1.2mg

美人
POINT

推薦給在乎膽固醇的你

桃子所含的菸鹼酸（niacin）,以及香
蕉所含的果膠,都有降低膽固醇的作
用。

Butter
Recipe

熟悉果昔的製作之後,接著來挑戰以椰子油製作抹醬吧!
椰子油在24℃會變成固態,活用這個特性來製作抹醬。
以湯匙舀出凝固的抹醬,塗抹在麵包上,放入烤箱烘烤,
待抹醬融化,就可以品嘗了。

風味抹醬的作法(兩種皆同)

將材料放入調理機中,
蓋上蓋子攪打。

1 楓糖核桃抹醬

具溫和的甜味,
與麵包是絕佳的搭配。

■ **材料**(完成份量190g)

1　核桃 … 100g
2　椰子油 … 50g
3　楓糖漿 … 2大匙

2 花生抹醬

花生+椰子油,
就可以作出香濃美味的抹醬。

■ **材料**(完成份量190g)

1　花生 … 100g
2　椰子油 … 50g
3　蜂蜜 … 2大匙

4

溫暖果昔

湯品系

甜點系

若大量使用蔬菜製作「溫暖果昔」，就會像湯一般很好消化吸收，最大的特色就是對身體很溫和。可以當一道小配菜，使餐桌更多彩多姿。如果使用可可和甘酒等材料製作果昔，則像是甜點一般，甜美的滋味能夠使人心情放鬆。

湯品系

馬鈴薯＋豆漿

玉米＋豆漿

馬鈴薯 ✚ 豆漿

添加後更美味
黑胡椒

馬鈴薯所含的維生素C非常耐熱，所以很適合用來製作溫熱的果昔。
喝一杯泥狀、富有飽足感的濃湯，身體由內而外暖和起來。

■ **材料**（完成份量210g）

1 馬鈴薯 … 1/2個
　去皮，切成一口大小
2 豆漿 … 150ml
3 鹽 … 少許

■ **作法**

馬鈴薯以保鮮膜包裹，放入微波爐裡加熱約2
分鐘。接著將馬鈴薯、豆漿放入調理機中，加
鹽，蓋上蓋子攪打。以鍋子或以微波爐稍微加
熱一下。

卡路里	139 kcal
膳食纖維	1.2g
維生素C	18mg
維生素A	− μg
維生素E	3.5mg

美人 POINT

紓解疲倦，推薦這個！

馬鈴薯因富含維生素，而有「大
地的蘋果」之稱。尤其是維生素
C的含量相當高，有助於紓解疲
勞。

玉米 ✚ 豆漿

換成這個也OK
豆漿換成
→
牛奶

散發自然的甜味，讓身與心都覺得暖呼呼的。
作法與製作一般果昔一樣，相當簡單。

■ **材料**（完成份量310g）

1 玉米（罐頭） … 100g
2 豆漿 … 200ml
3 鹽 … 少許

■ **作法**

將玉米、豆漿、鹽
放入調理機中，蓋上蓋子攪打。
以鍋子或以微波爐稍微加熱一下。

卡路里	216 kcal
膳食纖維	3.9g
維生素C	2mg
維生素A	5 μg
維生素E	4.7mg

美人 POINT

紓解疲倦，推薦這個！

玉米含有很多的胺基酸，有助於紓
解疲勞。玉米和豆漿裡皆富含維生
素E，能夠促進血液循環，幫助暖
和身體。

地瓜 ╋ 豆漿

這款果昔瀰漫著秋天氣息。
地瓜的甜味很受孩子們歡迎哩！

■ 材料（完成份量200ｇ）

地瓜 … 2cm（50g）
連皮切成一口大小
豆漿 … 150ml
鹽 … 少許

作法

地瓜以保鮮膜包裹，
放入微波爐裡加熱約2分鐘。
將地瓜、豆漿、鹽放入調理機中，蓋上蓋子攪打。
以鍋子或以微波爐加熱一下。

添加後更美味
╋ 黑芝麻

添加後更美味
╋ 黃豆粉

卡路里 167 kcal

膳食纖維	1.7g
維生素C	14mg
維生素A	1μg
維生素E	4.3mg

美人
POINT

改善便祕，推薦這個！

地瓜含有豐富的膳食纖維，可促
進腸道蠕動，所以有助於改善便
祕。

南瓜 + 豆漿

具有乳脂感的南瓜果昔，
溫熱地喝，就能嘗到香醇美味。

添加後更美味
+
椰子油

■ 材料（完成份量210 g）

1 南瓜 … 50g
　去籽，連皮一起切成一口大小
2 豆漿 … 150ml
3 鹽 … 少許

■ 作法

南瓜以保鮮膜包裹，
放入微波爐裡加熱約2分鐘。
將南瓜、豆漿、鹽放入調理機中，蓋上蓋子攪打。
以鍋子或以微波爐加熱一下。

卡路里	147 kcal
膳食纖維	2.3g
維生素C	22mg
維生素A	165μg
維生素E	6mg

美人
POINT

肩頸不舒服時，推薦這個！
南瓜所含的維生素E具調整荷爾
蒙的功能，能緩解因更年期障礙
等所造成的肩頸僵硬。維生素E
亦有促進血液循環的作用，所以
也能幫助改善虛冷。

地瓜
╬ 玉米 ╬ 豆漿

充滿膳食纖維的組合,早上喝一杯,肚子會感到很清爽。

■ **材料**(完成份量250 g)

1 地瓜 … 2cm(50g)
　連皮切成一口大小
2 玉米(罐頭)… 50g
3 鹽 … 少許
4 豆漿 … 150ml

■ **作法**

地瓜以保鮮膜包裹,
放入微波爐裡加熱約2分鐘。
將地瓜、玉米、鹽放入調理機中,加入豆漿,
蓋上蓋子攪打。以鍋子或以微波爐加熱一下。

卡路里 203 kcal

膳食纖維　3.4g
維生素C　15mg
維生素A　4μg
維生素E　4.4mg

美人
POINT

可改善便祕 & 促進代謝

不論是玉米或地瓜,都有豐富的
膳食纖維,能預防和改善便祕。
玉米所含的維生素B群,則有助
於分解糖分、促進代謝。

洋蔥湯

事先作好洋蔥冰，
就能在短時間內作出美味的湯。

■ **材料**（完成份量150 g）

1　洋蔥冰（參考P.13）… 50g
2　黑胡椒 … 少許
3　鹽 … 少許
4　水 … 100ml

■ **作法**

將洋蔥冰、黑胡椒、鹽放入調理機中，
加水，蓋上蓋子攪打。
以鍋子或以微波爐加熱一下。

卡路里　23kcal

膳食纖維　0.8g
維生素C　4mg
維生素A　－μg
維生素E　0.1mg

美人 POINT

提升免疫力，推薦這個！

洋蔥含有「類黃酮」（flavonoids），
具有強大的抗氧化力，能有效保護、強
化微血管，抑制血壓上升。

洋蔥
✚ 蘑菇
✚ 牛奶

這是一道香味濃郁的基本款濃湯，
蘑菇的香氣很能引起食欲。

換成這個也OK
牛奶換成
➡
豆漿

■ **材料**（完成份量210 g）

1　洋蔥冰（參考P.13）… 50g
2　蘑菇 … 3個（30g）
3　黑胡椒 … 少許
4　鹽 … 少許
5　牛奶 …130ml

■ **作法**

將洋蔥冰、蘑菇、黑胡椒、鹽放入調理機中，
加入牛奶，蓋上蓋子攪打。
以鍋子或以微波爐加熱一下。

卡路里　116kcal

膳食纖維　1.4g
維生素C　5mg
維生素A　51μg
維生素E　0.2mg

美人 POINT

減肥時，推薦這個！

洋蔥所含的檞皮素（quercetin）能夠促
進屯積在腸內的脂肪燃燒，對排毒、減
肥有一定的效果。

甜點系

甘酒＋黃豆粉＋黑芝麻＋豆漿

蘋果＋蜂蜜＋紅茶

甘酒 ✚ 黃豆粉 ✚ 黑芝麻 ✚ 豆漿

選用營養滿分的甘酒，
並搭配能幫助調整女性荷爾蒙的大豆食材。
香醇的黑芝麻，則更添濃郁。

卡路里 180_{kcal}

膳食纖維	2.4g
維生素C	－ mg
維生素A	－ μg
維生素E	3.6mg

■ **材料**（完成份量190 g）

1　甘酒 … 1又1/2大匙
2　黃豆粉 … 1大匙
3　黑芝麻 … 2小匙
4　豆漿 … 150ml

■ **作法**

將甘酒、黃豆粉、黑芝麻放入調理機中，
加入豆漿，蓋上蓋子攪打。
以鍋子或以微波爐加熱一下。

美人 POINT

抗老化，推薦這個！

黑芝麻含有芝麻木酚素（sesame lignan），可幫助提升肝功能、促進肌膚細胞代謝。黑芝麻和黃豆粉都富含維生素E，能促進女性荷爾蒙分泌，也有助於調整自律神經。

蘋果 ✚ 蜂蜜 ✚ 紅茶

這款蘋果茶即使涼涼地喝也很美味。
由於蘋果的皮會釋出澀味，所以要去皮後使用。

添加後更美味

肉桂

卡路里 39_{kcal}

膳食纖維	0.5g
維生素C	1mg
維生素A	1 μg
維生素E	0.1mg

■ **材料**（完成份量190 g）

1　蘋果 … 1/8個
　　去皮、去籽、去核，切成一口大小
2　蜂蜜 … 1小匙
3　紅茶 … 150ml

■ **作法**

將蘋果、蜂蜜放入調理機中，
加入紅茶，蓋上蓋子攪打。
以鍋子或以微波爐加熱一下。

美人 POINT

減肥時，推薦這個！

紅茶兒茶素（catechin）中含有一種酵素，可分解糖分，有助於水果的消化。紅茶的香氣能使人放輕鬆，也能預防暴飲暴食。

Hot smoothies

卡路里 **111**kcal

膳食纖維	2.0g
維生素C	41mg
維生素A	1μg
維生素E	0.6mg

美人
POINT

感冒時，推薦這個！

檸檬可補充維生素C，感冒時應該多攝取
這類營養素。生薑則具有發汗作用，可以
溫暖身體。

檸檬 ✛ 生薑 ✛ 蜂蜜

覺得快要感冒時，可飲用這款檸檬熱飲。
針對孩子調製時，可不放生薑。

■ **材料**（完成份量220g）

1. 檸檬 … 1/2個
   去皮、留下內層的白膜，切成一口大小
2. 生薑 … 1/3小匙
   磨成泥
3. 蜂蜜 … 1又1/2大匙
4. 水 … 150ml

■ **作法**

將檸檬、生薑、蜂蜜放入調理機中，
加水，蓋上蓋子攪打。
以鍋子或以微波爐加熱一下。

蘋果 ✛ 甘酒 ✛ 生薑

添加後更美味
蜂蜜

蘋果搭配甘酒，調製出微甜且溫潤的口感。
若你喜歡甘酒，可減少水分，調高甘酒的用量。

■ **材料**（完成份量260g）

1. 蘋果 … 1/2個
   去籽、去核，切成一口大小
2. 甘酒 … 50ml
3. 生薑 … 1/2小匙
   磨成泥
4. 水 … 100ml

■ **作法**

將蘋果、生薑放入調理機中，
加入甘酒和水，蓋上蓋子攪打。
以鍋子或以微波爐加熱一下。

卡路里 **99**kcal

膳食纖維	2.1g
維生素C	5mg
維生素A	2μg
維生素E	0.2mg

美人
POINT

改善虛冷，推薦這個！

生薑能促進血液循環，幫助打造代謝良好
的身體。甘酒能調整腸道環境，有效改善
便祕和肌膚粗糙。

甘酒 ✛ 抹茶 ✛ 蜂蜜 ✛ 豆漿

這款溫熱的果昔具有十足的和風風味。
抹茶的澀味和甘酒的甘甜，非常搭調。

■ **材料**（完成份量180 g）

1 甘酒 … 1大匙
2 抹茶 … 1小匙
3 蜂蜜 … 1小匙
4 豆漿 … 150ml

■ **作法**

將甘酒、豆漿放入調理機中，
加入抹茶和蜂蜜，蓋上蓋子攪打。
以鍋子或以微波爐加熱一下。

卡路里 136 kcal

膳食纖維	1.2g
維生素C	1mg
維生素A	48μg
維生素E	4.1mg

美人 POINT

減肥時，推薦這個！

抹茶含有兒茶素，有助於燃燒脂肪，其中
澀味成分的「丹寧」也能抑制脂肪的吸
收，所以是減肥時的好伙伴。

甘酒 ✛ 可可 ✛ 豆漿

添加後更美味
腰果

口味像極了熱可可，
就算你不太能夠接受甘酒，
也能容易入口。

■ **材料**（完成份量200 g）

1 甘酒 … 50ml
2 可可粉 … 2小匙
3 豆漿 … 150ml

■ **作法**

將甘酒、豆漿放入調理機中，
加入可可粉，蓋上蓋子攪打。
以鍋子或以微波爐加熱一下。

卡路里 145 kcal

膳食纖維	1.6g
維生素C	−mg
維生素A	−μg
維生素E	3.5mg

美人 POINT

幫助提升抗老化的功效！

可可含有豐富的多酚，具有抗氧化作用，有
助於抑制血管老化，可發揮美肌效果。甘酒
的維生素B群則能預防肌膚粗糙。

桃子 ✛ 紅茶

添加後更美味

✛ 薄荷

不同於市售的桃子紅茶，
自行調製的會更加健康可口。
建議要放入稍濃的紅茶。

■ 材料（完成份量200g）

1 桃子 … 1/4個（50g）
　去皮，切成一口大小
2 紅茶 … 150ml

■ 作法

將桃子、紅茶放入調理機中，
蓋上蓋子攪打。
以鍋子或以微波爐加熱一下。

卡路里 22kcal

膳食纖維	0.7g
維生素C	4mg
維生素A	－ μg
維生素E	0.4mg

美人
POINT

有肌膚的煩惱時，推薦這個！

體內的活性氧增加會造成肌膚問題。具抗
氧化作用的紅茶與桃子，能有效去除活性
氧，幫助打造美肌。

香蕉 ✛ 可可
✛ 楓糖漿 ✛ 豆漿

換成這個也OK

楓糖漿換成

➡

蜂蜜

這款甜甜的熱果昔，
充滿著巧克力與香蕉的香甜味。

■ 材料（完成份量210g）

1 香蕉 … 1/2根
　去皮，切成一口大小
2 可可粉 … 2小匙
3 楓糖漿 … 1小匙
4 豆漿 … 150ml

■ 作法

將香蕉、可可粉、楓糖漿放入調理機中，
加入豆漿，蓋上蓋子攪打。
以鍋子或以微波爐加熱一下。

卡路里 164kcal

膳食纖維	1.8g
維生素C	6mg
維生素A	2μg
維生素E	3.7mg

美人
POINT

抗老化，推薦這個！

香蕉的營養價值高，豆漿含有許多女性需
要的營養成分，可可則含有充分的多酚。
多酚的抗氧化作用很高。

卡路里 138 kcal

膳食纖維	1.2g
維生素C	1mg
維生素A	3μg
維生素E	3.5mg

美人 POINT

有助於就寢前的放鬆

可可所含的可可鹼（theobromine）與薄荷的香氣，皆具有使人放輕鬆的效果。藉由可可的保溫效果，溫熱地飲用吧！

薄荷 ✛ 可可 ✛ 蜂蜜 ✛ 豆漿

這款果昔散發著薄荷的清香，是具有清涼感的豪華飲料。可以當成招待客人的下午茶。

換成這個也OK
蜂蜜換成 ➡ 楓糖漿

■ **材料**（完成份量170g）

1 薄荷 … 1大匙（2g）
2 可可粉 … 1/2大匙
3 蜂蜜 … 1/2大匙
4 豆漿 … 150ml

■ **作法**

將豆漿倒入調理機中，加入薄荷、可可粉、蜂蜜，蓋上蓋子攪打。
以鍋子或以微波爐加熱一下。
盛裝時，最上面擺放裝飾用的薄荷（份量外）。

卡路里 166 kcal

膳食纖維	1.4g
維生素C	3mg
維生素A	109μg
維生素E	0.8mg

美人 POINT

幫助改善睡眠品質

抹茶所含的茶胺酸（theanine）有助於提升睡眠品質，而牛奶含有很多的色胺酸（tryptophan），也有誘導睡眠的作用，所以這款果昔很適合就寢前飲用。

楓糖漿 ✛ 可可 ✛ 抹茶 ✛ 牛奶

將抹茶和可可的奢華風味，調合成溫和的甜味，很容易入口。

換成這個也OK
牛奶換成 ➡ 豆漿

■ **材料**（完成份量180g）

1 楓糖漿 … 1小匙
2 可可粉 … 1/2大匙
3 抹茶 … 1小匙
4 牛奶 … 150ml

■ **作法**

將牛奶倒入調理機中，加入楓糖漿、可可粉、抹茶，蓋上蓋子攪打。
以鍋子或以微波爐加熱一下。
倒入杯中，再撒上裝飾用的抹茶粉（份量外）。

Hot smoothies

腰果 ✛ 可可
✛ 楓糖漿 ✛ 肉桂

這款溫暖的熱果昔散發著濃郁的腰果乳脂香，
也瀰漫著可可味和肉桂香。可作為甜點飲用。

換成這個也OK
水換成 ➔ 豆漿

■ **材料**（完成份量260 g）

1　腰果 … 30g

2　可可粉 … 1大匙

3　楓糖漿 … 1大匙

4　水 … 200ml

5　肉桂 … 依個人喜好

■ **作法**

將腰果、可可粉、楓糖漿放入調理機中，
加水，蓋上蓋子攪打。
以鍋子或以微波爐加熱一下。
倒入杯中，添加肉桂粉。

卡路里 244 kcal

膳食纖維　3.4g
維生素C　－mg
維生素A　－μg
維生素E　0.2mg

美人 POINT

打造晶瑩剔透的肌膚

腰果所含的鋅有助於提高新陳代
謝，並活絡肌膚的代謝與更新。

黃豆粉 ✛ 楓糖漿
✛ 豆漿

這款溫暖的豆漿飲品加入了黃豆粉，
能幫助身體充分攝取大豆異黃酮。
楓糖漿的風味則讓果昔變得更易於入口。

■ **材料**（完成份量180g）

1 黃豆粉 … 1大匙
2 楓糖漿 … 1/2大匙
3 豆漿 … 150ml

■ **作法**

將豆漿倒入調理機中，
加黃豆粉、楓糖漿，蓋上蓋子攪打。
以鍋子或以微波爐加熱一下。

卡路里	183 kcal
膳食纖維	1.7g
維生素C	−mg
維生素A	−μg
維生素E	3.6mg

美人
POINT

**預防更年期障礙，
推薦這個！**

黃豆粉和豆漿含有大豆異黃酮，會
發揮類似女性荷爾蒙的作用，因此
可預防更年期障礙和骨質疏鬆症。

Sauce Recipe

與製作果昔的方法雷同，掌握相同的要領，就能調製出深色的醬料。
這些醬料可用於沙拉、魚肉料理、義大利麵等。由於是新鮮現做，
所以香氣迷人、美味可口。

提鮮醬料的作法（三種皆同）

將材料放入調理機中，
蓋上蓋子攪打即可。

1

1 香蒜鯷魚熱沾醬

能拌很多的青菜來吃！

■ **材料**（完成份量70g）

1 鯷魚 … 2片
2 大蒜泥 … 1小匙
3 橄欖油 … 4大匙

※以微波爐加熱後使用。

2 簡易番茄醬

自家的餐點變身為
正宗的義大利風味餐！

■ **材料**（完成份量280g）

1 番茄（罐頭）… 200g
2 洋蔥 … 50g（1/4個）
　　去皮，切成一口大小
3 大蒜 … 1瓣
4 橄欖油 … 1大匙
5 粉狀荷蘭芹、粉狀奧勒崗等
　　… 1小匙
6 胡椒鹽… 少許

2

3 紫蘇青醬

鮮綠色的萬能醬料！

■ **材料**（完成份量100g）

1 紫蘇 … 20片
2 鯷魚 … 2片
3 大蒜 … 1瓣
4 太白芝麻油 … 4大匙
　　（也可以橄欖油取代）
5 醋 … 1大匙
6 醬油 … 1/2大匙
7 黑胡椒 … 少許

3

5

各種果昔

簡單的
清涼果昔

氣泡式
果昔

體貼腸胃
的果昔

以冰凍的果汁等製作，是一款清涼有勁的果昔。沒有什麼蔬菜可搭配時也能簡單製作，相當方便。

搭配碳酸飲料製成的果昔，讓人一早醒來就神清氣爽。建議運動後或飯前，也可飲用這款果昔。

一般食物的消化大約要花2至4小時，但打成泥的蔬果，則只需要1小時即可被人體消化、吸收。請在夜晚肚子餓時飲用。

葡萄柚 ✛ 奇異果
✛ 薄荷 ✛ 碳酸水

水嫩爽口的酸味一下子使人清醒，輕鬆趕走瞌睡蟲。

■ **材 料**（完成份量300 g）

1　白肉葡萄柚 … 1/2個
　　去皮、留下內層的白膜，
　　去籽後切成一口大小

2　奇異果 … 1個
　　去皮，切成一口大小

3　薄荷 … 1大匙（2g）

4　碳酸水 … 100ml

■ **作法**

將葡萄柚、奇異果、薄荷放入調理機中，
蓋上蓋子攪打。盛入杯中，倒入碳酸水，
最上面擺放裝飾用的薄荷（份量外）。

卡路里 88 kcal

膳食纖維　2.7g
維生素C　99mg
維生素A　8μg
維生素E　1.4mg

美人
POINT

打造美肌，推薦這個！

想要改善問題肌膚，必然不可缺
少維生素C。奇異果和葡萄柚的維
生素C含量都很豐富。而奇異果所
含的維生素E，會與維生素C產生
加乘效果，提升抗氧化作用。

葡萄柚 ⊹ 萊姆
⊹ 薄荷 ⊹ 碳酸水

這款果昔具有萊姆與薄荷的清香，
令人覺得清新、爽口。

■ **材料**（完成份量260g）

1 白肉葡萄柚 … 1/2個
　　去皮、留下內層的白膜，
　　去籽後切成一口大小
2 萊姆 … 1/2個
　　去皮、留下內層的白膜，切成一口大小
3 薄荷 … 1大匙（2g）
4 碳酸水 … 100ml

■ **作法**

將葡萄柚、萊姆、薄荷放入調理機中，
蓋上蓋子攪打。盛入杯中，倒入碳酸水，
最上面擺放裝飾用的薄荷（份量外）。

卡路里	57_{kcal}
膳食纖維	0.9g
維生素C	56mg
維生素A	10μg
維生素E	0.6mg

美人
POINT

提振精神，推薦這個！

萊姆的香氣有助於維護荷爾蒙平
衡。薄荷與葡萄柚的搭配，則有
助於放鬆身心。

various smoothies

桃子 ✛ 碳酸水

不斷冒泡泡的碳酸水，
凸顯出了桃子的香甜。
餐前飲用，可防止飲食過量。

■ **材料**（完成份量200 g）

1　桃子 … 1/2個（100g）
　　去皮、去籽，
　　切成一口大小。

2　碳酸水 … 100ml

■ **作法**

將桃子、一半份量的碳酸水放入調理機中，
蓋上蓋子攪打。
盛入杯中，倒入剩下的碳酸水。

卡路里　40 kcal

膳食纖維　1.3g
維生素C　8mg
維生素A　－μg
維生素E　0.7mg

美人
POINT

改善怕冷體質，推薦這個！

桃子有助於促進血液循環、溫暖身體。桃子的皮
含有很多的兒茶素，具有抗氧化作用，因此充分
洗淨表皮的絨毛後，可連皮一起打成果昔。

蘋果 ✛ 葡萄柚
✛ 蘋果醋 ✛ 碳酸水

蘋果和葡萄柚的搭配相當可口，
再以蘋果醋強化味道，使人充滿元氣。

■ **材料**（完成份量300 g）

1　蘋果 … 1/2個
　　去籽、去核，切成一口大小

2　紅肉葡萄柚 … 1/2個
　　去皮、留下內層的白膜，
　　去籽後切成一口大小

3　蘋果醋 … 1/2大匙

4　碳酸水 … 50ml

■ **作法**

將蘋果、葡萄柚、蘋果醋
放入調理機中，蓋上蓋子攪打。
盛入杯中，倒入碳酸水。

卡路里　113 kcal

膳食纖維　2.5g
維生素C　48mg
維生素A　2μg
維生素E　0.6mg

美人
POINT

預防生活習慣病，推薦這個！

蘋果的膳食纖維可抑制膽固醇的吸收，蘋果醋則
有助於防止壞膽固醇增加，對於預防生活習慣病
有一定的效果。

卡路里 139_{kcal}

膳食纖維	1.3g
維生素C	60mg
維生素A	15μg
維生素E	0.5mg

美人
POINT

抗老化，推薦這個！

柳橙和蜜柑的白色薄膜和筋膜含有橙皮苷
（hesperidin），具抗氧化作用，也能提高維
生素C的吸收。

柳橙 ✚ 蜂蜜 ✚ 碳酸水

這款果昔充滿了
果汁的新鮮酸味，
具有抗氧化力，
能夠喚醒疲憊的身體。

添加後更美味
＋
檸檬汁

■ 材料（完成份量260g）

1 柳橙 … 1個
去皮、留下內層的白膜，
切成一口大小
2 蜂蜜 … 1/2大匙
3 碳酸水 … 100ml

■ 作法

將柳橙、蜂蜜放入調理機中，
蓋上蓋子攪打。
盛入杯中，倒入碳酸水。

卡路里 59_{kcal}

膳食纖維	3.5g
維生素C	75mg
維生素A	10μg
維生素E	1.7mg

美人
POINT

打造美肌，推薦這個！

柚子含有檸檬酸和維生素C，能夠幫助消化，
增加腸內的有益菌。排便也會因此變得順暢，
能夠幫助改善肌膚。

柚子 ✚ 蜂蜜 ✚ 碳酸水

這款果昔有獨特的香味。
在日本料理中，
也常在調味上增加這樣的香氣。

換成這個也OK
柚子換成
➜
檸檬汁

■ 材料（完成份量160g）

1 柚子… 1/2個
去皮、留下內層的白膜，
去籽後切成一口大小
2 蜂蜜 … 1/2大匙
3 碳酸水 … 100ml

■ 作法

將柚子、蜂蜜放入調理機中，
加入一半份量的碳酸水，蓋上蓋子攪打。
盛入杯中，倒入剩下的碳酸水。

various smoothies

番茄汁冰＋鳳梨

胡蘿蔔汁冰＋蘋果

胡蘿蔔汁冰
＋ 蘋果

當手邊只有一種水果時，
只要再加入胡蘿蔔汁冰，即可提升營養價值。
特別推薦給不愛胡蘿蔔味的人飲用。

■ **材料**（完成份量230ｇ）

1 胡蘿蔔汁冰 … 60g

（參考P.13）

2 蘋果 … 1/2個

去籽、去核，切成一口大小

3 水 … 50ml

■ **作法**

將胡蘿蔔汁冰、蘋果放入調理機中，
加水，蓋上蓋子攪打。

卡路里 82_{kcal}

膳食纖維　1.9g
維生素C　6mg
維生素A　224μg
維生素E　0.3mg

美人
POINT

提升免疫力，推薦這個！

胡蘿蔔有助於排毒，因為它富含
胡蘿蔔素，可強化皮膚與黏膜，
並且幫助預防感冒和病毒感染。
由於同時富含膳食纖維，和蘋果
的果膠一起食用，有助於調整腸
道環境。

番茄汁冰
＋ 鳳梨

番茄汁濃縮了番茄的營養，加入鳳梨一起製成果昔，
能有效補充容易攝取不足的膳食纖維。

■ **材料**（完成份量210ｇ）

1 番茄汁冰… 60g

（參考P.13）

2 鳳梨 … 1/5個（100g）

去皮、去芯，切成一口大小

3 水 … 50ml

■ **作法**

將番茄汁冰、鳳梨放入調理機中，
加水，蓋上蓋子攪打。

卡路里 61_{kcal}

膳食纖維　1.9g
維生素C　31mg
維生素A　19μg
維生素E　0.4mg

美人
POINT

想要預防曬黑，推薦這個！

番茄含有豐富的茄紅素，具有抑
制黑色素生成的作用。其抗氧化
力也高，所以能保護肌膚不受紫
外線傷害。選擇市售番茄汁時，
應以熟透的番茄製作。

簡單的
清涼果昔

胡蘿蔔汁冰
╬ 香蕉

這是營養價值高
且可取代早餐的能量果昔。
建議可在運動前後飲用。

■ 材料（完成份量240 g）

1. 胡蘿蔔汁冰 … 60g
   （參考P.13）
2. 香蕉 … 1根
   去皮，切成一口大小
3. 水 … 100ml

■ 作法

將胡蘿蔔汁冰、香蕉放入調理機中，
加水，蓋上蓋子攪打。

卡路里 86 kcal

膳食纖維	1.0g
維生素C	14mg
維生素A	226μg
維生素E	0.5mg

美人
POINT

眼睛疲勞時，推薦這個！

胡蘿蔔富含的胡蘿蔔素會在體內轉換成維
生素A，所以具有保護眼睛的作用。同時
有助於預防乾眼症。

番茄汁冰
╬ 草莓

略帶酸味的番茄，
搭配微甜的草莓。
顏色＆味道都很可愛迷人！

■ 材料（完成份量210 g）

1. 番茄汁冰… 60g
   （參考P.13）
2. 草莓 … 8顆
   去除蒂頭
3. 水 … 50ml

■ 作法

將番茄汁冰、草莓放入調理機中，
加水，蓋上蓋子攪打。

卡路里 44 kcal

膳食纖維	1.8g
維生素C	66mg
維生素A	17μg
維生素E	0.8mg

美人
POINT

對付黑斑、雀斑，推薦這個！

市售的番茄蔬果汁，雖然在製作的過程
中，會有部分營養素流失、減少，但抗氧
化力高的茄紅素，會比生吃更容易被人體
吸收。

美人
POINT

打造美肌，推薦這個！

草莓的維生素C具有抑制黑色素沉澱的
作用，所以有助於打造晶瑩剔透的雪白
肌膚。

草莓汁冰
 ✛ 蜂蜜 ✛ 豆漿

草莓加豆漿呈現出很簡單、溫和的味道。
若是將草莓冷凍起來，
就能不分季節地製作這杯基本款果昔。

■ **材料**（完成份量290ｇ）

1 草莓汁冰… 120g
（參考P.13）
2 蜂蜜 … 1/2大匙
3 豆漿 … 150ml

■ **作法**

將草莓汁冰、蜂蜜放入調理機中，
加入豆漿，蓋上蓋子攪打。

··

冷凍奇異果 ✛ 優格
✛ 蜂蜜 ✛ 牛奶

這是一款冰凍感十足的果昔。
加了蜂蜜，就變成香醇微甜的口感。

■ **材料**（完成份量250ｇ）

1 冷凍奇異果 … 1個
（參考P.12）
2 優格 … 1/4杯
3 蜂蜜 … 1大匙
4 牛奶 … 100ml

■ **作法**

將冷凍奇異果、優格、蜂蜜放入調理機中，
加入牛奶，蓋上蓋子攪打。

美人
POINT

幫助安撫焦躁不安的情緒

優格和牛奶富含鈣，有助於穩定焦躁
不安的情緒。加上富含維生素C的奇異
果，能夠提高鈣的吸收率。

various smoothies

高麗菜 ✛ 桃子 ✛ 蘋果

桃子與蘋果溫潤的甜味會在口中緩緩擴散開來。
推薦在飲食過量的隔天飲用。

■ **材料**（完成份量260 g）

1　高麗菜 … 1片（50g）
　　切成一口大小

2　桃子 … 1/4個（50g）
　　去皮、去籽，切成一口大小

3　蘋果 … 1/4個
　　去籽、去核，切成一口大小

4　水 … 100ml

■ **作法**

將高麗菜、桃子、蘋果放入調理機中，
加水，蓋上蓋子攪打。

卡路里 87 kcal

膳食纖維　2.6g
維生素C　24mg
維生素A　3μg
維生素E　0.8mg

**美人
POINT**

胃腸疲勞時，推薦這個！

高麗菜所含的維生素U（Cabagin），
有助於修復受傷的胃黏膜、調整胃的機
能。加上具整腸作用的蘋果，能夠幫助
紓解胃腸的疲勞。

高麗菜 ✚ 蘋果
✚ 優格 ✚ 蜂蜜 ✚ 牛奶

這款果昔有助於腹部的保健。帶有優格的酸味，同時具有香醇的口感。
淡綠色的外觀看起來相當清爽！

■ **材料**（完成份量270g）

1 高麗菜 … 1片（50g）
　切成一口大小

2 蘋果 … 1/4個
　去籽、去核，切成一口大小

3 優格 … 1/2杯

4 蜂蜜 … 1小匙

5 牛奶 … 50ml

■ **作法**

將高麗菜、蘋果、優格、蜂蜜放入調理機中，
加入牛奶，蓋上蓋子攪打。

卡路里	161 kcal
膳食纖維	1.8g
維生素C	25mg
維生素A	55μg
維生素E	0.4mg

美人 POINT

想排毒，推薦這個！

高麗菜所含的異硫氰酸酯
（isothiocyanate），據說是
一種具有防癌效果的植化素。
由於有助於肝臟的解毒作用，
所以有一定的排毒效果。

various smoothies

125

蘋果 ✛ 胡蘿蔔
✛ 香蕉

以基本的食材製作果昔。
不但份量十足,也充滿營養素。

■ 材料(完成份量250g)

1 蘋果 … 1/4個
　去籽、去核,切成一口大小
2 胡蘿蔔 … 1/3根(50g)
　切成一口大小
3 香蕉 … 1/2根
　去皮,切成一口大小
4 水 … 100ml

■ 作法

將蘋果、胡蘿蔔、香蕉放入調理機中,
加水,蓋上蓋子攪打。

卡路里 85kcal

膳食纖維　2.7g
維生素C　10mg
維生素A　383μg
維生素E　0.6mg

美人
POINT

幫助改善睡眠品質

飲下這杯果昔,可充分攝取到膳
食纖維和果寡糖等具整腸作用的
營養素,也有助於消化。而香蕉
所含的色胺酸則有安眠效果,可
於就寢前飲用。

柳橙 ✛ 蘋果 ✛ 胡蘿蔔 ✛ 鳳梨

充滿水果的綜合果汁。
對於討厭胡蘿蔔的孩子而言，也很容易入口。

換成這個也OK
柳橙換成
➡
檸檬汁

■ **材料**（完成份量360g）

1 柳橙 ⋯ 1個
　去皮、留下內層的白膜，切成一口大小

2 蘋果 ⋯ 1/4個
　去籽、去核，切成一口大小

3 胡蘿蔔 ⋯ 1/3根（50g）
　切成一口大小

4 鳳梨 ⋯ 1/10個（50g）
　去皮、去芯，切成一口大小

5 水 ⋯ 50ml

■ **作法**

將柳橙、蘋果、胡蘿蔔、鳳梨
放入調理機中，加水，蓋上蓋子攪打。

卡路里	136 kcal
膳食纖維	4.4g
維生素C	78mg
維生素A	398μg
維生素E	0.9mg

美人
POINT

改善便祕，推薦這個！

胡蘿蔔含有很多的膳食纖維「果膠」，很適合當餐前的小菜。雖然胡蘿蔔含有破壞維生素C的抗壞血酸氧化酶（ascorbinase），但柳橙和鳳梨中的酸性物質能夠防止這種破壞。

國家圖書館出版品預行編目(CIP)資料

123，喝了變漂亮！美人專用・原汁原味蔬果昔：日日
可飲・簡單上手・美容養生・自然好喝・營養師特調 /
鈴木あすな著；夏淑怡譯.
-- 初版. -- 新北市：良品文化館出版：雅書堂文化發行,
2017.01
　　面；　公分. --（蔬食良品；3）
譯自：美人をつくる！まいにちの簡単スムージー123
ISBN 978-986-5724-88-7(平裝)

1.果菜汁
427.4　　　　　　　　　　　　　　　105023741

蔬食　良品　03

123，喝了變漂亮！
美人專用・原汁原味蔬果昔
日日可飲・簡單上手・美容養生・自然好喝・營養師特調

作　　者／鈴木あすな
譯　　者／夏淑怡
發 行 人／詹慶和
總 編 輯／蔡麗玲
執行編輯／李宛真
編　　輯／蔡毓玲・劉蕙寧・黃璟安・陳姿伶・李佳穎
執行設計／陳麗娜
美術編輯／周盈汝・韓欣恬
出 版 者／良品文化館
郵政劃撥帳號／18225950
戶　　名／雅書堂文化事業有限公司
地　　址／220新北市板橋區板新路206號3樓
電子信箱／elegant.books@msa.hinet.net
電　　話／(02)8952-4078
傳　　真／(02)8952-4084

2017年1月初版一刷　定價 350 元

Bijin o Tsukuru! Mainichi no Kantan Sumuji 123
© Asuna Suzuki / Gakken Publishing 2015
First published in Japan 2015 by Gakken Publishing Co., Ltd., Tokyo
Traditional Chinese translation rights arranged with Gakken Plus
through Keio Cultural Enterprise Co., Ltd.

總經銷／朝日文化事業有限公司
進退貨地址／235新北市中和區橋安街15巷1號7樓
電話／（02）2249-7714
傳真／（02）2249-8715

營養管理師／料理研究家　　鈴木あすな

料理教室Life & Me的負責人，該教室以美容與健康為經營原則。常上電視節目或接受雜誌訪問並介紹食譜，也與企業一起進行食譜開發等。透過活動提倡「吃進什麼樣的食物，就會有什麼樣的身體」，亦即You are what you eat的觀念，傳達飲食的重要性。最近，更致力於各式各樣以飲食為中心的「綜合性生活提案」，著手進行「女子會」的企劃與營運，讓大家在飲食之餘，也能享受瑜伽、插花等課程的樂趣。除此之外，她也親自拜訪了農家，體驗農業，參與有機蔬菜的推廣活動，並倡導產地直銷，以期能對社會有所貢獻。

鈴木あすな的部落格
http://ameblo.jp/pixy-asuna/

STAFF
製作指導・企劃・食譜規劃・造型
伊豫利惠（so-planning）

攝影
三好宣弘（RERATION）

燈光
村松千繪（Cre-Sea）

裝幀・內頁設計
西田美千子

料理造型師
小越明子

{ 123 smoothies make you a beauty! }

美人的蔬果日常：
迷人魅力來自於好食力！

自然食趣08

體內環保代謝餐
作者：林秋香
定價：250元
17x24cm・96頁・彩色

自然食趣11

大家都愛的蔬食料理
作者：王舒俞
定價：240元
17x24cm・96頁・彩色

自然食趣12

一個人的快樂蔬食餐
作者：王舒俞
定價：240元
17x24cm・96頁・彩色

自然食趣18

你一定愛吃的排毒蔬食便當
毒素OUT！活力UP！排毒專家＆人氣料理師上菜囉！
作者：蓮村誠・青山有紀
定價：280元
19x26cm・80頁・彩色

自然食趣21

簡單＆有趣の食物造型120
完成度100％！讓食物看起來更好吃！
作者：浜千春
定價：280元
19x26cm・80頁・彩色+單色

蔬食良品01

蔬菜＆豆＆雜糧料理70道
無肉也好好吃！超低脂！
作者：大越鄉子
定價：280元
19x24cm・96頁・彩色

365天，天天蔬果不缺席

自然食趣17

自然味蔬果風味水
自己調製37款清爽無負擔の
美味水調飲
作者：福田里香
定價：250元
17x24cm・80頁・彩色

自然食趣20

零負擔の豆腐甜點
低糖、低脂、低卡的爽口點心！
作者：鈴木理惠子
定價：280元
19x26cm・104頁・彩色

烘焙良品19

愛上水果酵素手作好料
作者：小林順子
定價：300元
19x26cm・88頁・彩色

蔬食良品02

愛上微酸甜の酵素生活
作者：杉本雅代
定價：280元
19x26cm・80頁・彩色

養身健康觀48

愛上豆漿機
按一按，養生豆漿讓你喝出
健康好美麗！
作者：養沛文化編輯部
定價：280元
17x23cm・160頁・彩色

養身健康觀50

愛喝手作新鮮蔬果汁
清毒素・改善體質・自然飲
食大實踐！
作者：于智華
定價：250元
17x23cm・160頁・彩色